防空地下室
监理工作手册

范延琪　赵承桥　安建国　等编

化学工业出版社
·北京·

《防空地下室监理工作手册》根据现行国家工程建设及人民防空工程行业有关的法律、法规、标准、规范、规定和政策，参考了部分山东省和青岛市颁布实施的带有普遍适用性的有关人民防空工程的法规、规章及规范性文件，人民防空工程相关资料、教材、图集等，同时结合各监理公司的监理经验编写而成。

本手册包括三章和两个附录，较全面、系统地介绍了防空地下室施工阶段监理工作的程序、内容及规定，防空地下室主要分部、分项工程质量控制，防空地下室施工主要常见质量问题防治。附录包括名词解释和防空地下室档案的编制要求。

本书供监理人员在从事防空地下室监理工作时使用，也可供防空地下室建设、施工等相关单位的工程技术和管理人员参考。

图书在版编目（CIP）数据

防空地下室监理工作手册/范延琪等编. —北京：
化学工业出版社，2018.5
ISBN 978-7-122-31810-7

Ⅰ.①防… Ⅱ.①范… Ⅲ.①人防地下建筑物-监理工作-手册 Ⅳ.①TU927-62

中国版本图书馆 CIP 数据核字（2018）第 055004 号

责任编辑：王文峡
责任校对：边　涛　　　　　　　　　　装帧设计：韩　飞

出版发行：化学工业出版社（北京市东城区青年湖南街 13 号　邮政编码 100011）
印　　刷：北京京华铭诚工贸有限公司
装　　订：北京瑞隆泰达装订有限公司
850mm×1168mm　1/32　印张 7¼　字数 182 千字
2018 年 6 月北京第 1 版第 1 次印刷

购书咨询：010-64518888（传真：010-64519686）　售后服务：010-64518899
网　　址：http://www.cip.com.cn
凡购买本书，如有缺损质量问题，本社销售中心负责调换。

定　　价：49.00 元

编写委员会

主编单位： 青岛市人民防空办公室

参编单位： 青岛五环建设监理有限公司

青岛广信建设咨询有限公司

青岛市人民防空工程质量监督站

青岛市人防工程服务中心

青岛中科信置业有限公司

青岛国信置业有限公司

总策划人： 彭建国

编写人员： 范延琪　赵承桥　安建国　张可宗

张君博　王永峰　毛亚文　聂华磊

刘　磊　吴云鹏　孟令健　丁文利

荆元侹　宁贻涛　辛兆锋　李　莉

孙雨全　黄立岗　于立夫　李　涛

李传斌　闫　伟　张　健

前　言

　　防空地下室是战时防备敌人空袭、有效掩蔽人员和物资、保存战斗潜力的重要设施。防空地下室建设质量事关战时人民群众的生命和财产安全，事关人民防空事业发展全局。做好防空地下室监理工作是确保防空地下室建设质量的关键所在。

　　青岛市人民防空主管部门历来高度重视防空地下室监理工作。为进一步提高全市防空地下室监理人员业务水平，青岛市人民防空办公室会同有关单位共同编写了《防空地下室监理工作手册》。

　　在本书编写过程中，得到各级人民防空主管部门、人民防空工程专家及有关监理单位的大力支持，在此深表感谢。

　　由于编者水平所限，书中疏漏和不足之处在所难免，敬请批评指正，以便我们今后修订和更新。

　　联系地址：青岛市市南区如东路 9 号

　　邮　　编：266071

编者

2018 年 1 月

目 录

第一章

防空地下室施工阶段监理工作的程序、内容及规定

第一节
防空地下室施工监理的前期准备工作

一、组建项目监理机构

（一）工程监理单位应当按照建设工程监理合同的约定，根据防空地下室的规模和复杂程度，组建项目监理机构、配备相应的监理人员。

1.项目监理机构由总监理工程师、总监理工程师代表（必要时配备）、专业监理工程师、监理员及其他辅助人员组成。

2.土建及安装专业监理工程师应配备齐全，土建阶段人防监理人员要以土建专业为主，并至少配备一名安装人员；安装阶段人防监理人员要以安装专业为主。监理人员的配备应满足下列要求：

（1）防空地下室建筑面积不超过 1 万平方米时，土建阶段不少于 2 人，安装阶段不少于 2 人。

（2）防空地下室建筑面积大于 1 万平方米不超过 2 万平方米时，土建阶段不少于 3 人，安装阶段不少于 2 人。

（3）防空地下室建筑面积大于 2 万平方米时，土建阶段不少于 4 人，安装阶段不少于 3 人。

（4）总监理工程师宜担任一项防空地下室的总监理工程师工

作。在所监理的防空地下室全部配备总监理工程师代表后，经建设
单位书面同意且经防空地下室所在地人防工程质量监督部门许可，
最多可允许其在青岛行政区内兼任 3 个（含）以内防空地下室的总
监理工程师。

（5）防空地下室土建、安装专业人防工程监理工程师不得同时
承担其他防空地下室的监理任务。

3.项目监理机构组织结构模式宜采用线性组织结构。

4.监理人员任职基本条件

（1）总监理工程师任职基本条件

① 取得住房和城乡建设部颁发的《注册监理工程师注册执业
证书》和山东省建设监理协会颁发的《建设工程监理从业人员教育
与信用信息卡》（注册监理工程师）。

② 取得国家人民防空办公室颁发的《人民防空工程监理工程
师资格证》证书。

（2）总监理工程师代表任职基本条件

① 取得山东省建设监理协会颁发的《建设工程监理从业人员
教育与信用信息卡》（专业监理工程师）。

② 取得国家人民防空办公室颁发的《人民防空工程监理工程
师培训证》证书。

③ 具有 3 年及以上人民防空工程实践经验。

（3）专业监理工程师任职基本条件

① 取得山东省建设监理协会颁发的《建设工程监理从业人员
教育与信用信息卡》（专业监理工程师）。

② 取得国家人民防空办公室颁发的《人民防空工程监理工程
师培训证》证书。

③ 具有 2 年及以上人民防空工程实践经验。

（4）监理员任职基本条件

① 取得山东省建设监理协会颁发的《建设工程监理从业人员

教育与信用信息卡》（监理员）。

②取得国家人民防空办公室颁发的《人民防空工程专业监理岗位证书（监理员）》证书。

（5）专职安全监理人员任职基本条件

①具有初级及以上技术职称。

②经安全监理培训。

③具有熟练的安全监理知识。

④具有独立处理安全技术问题的能力。

⑤取得山东省建设监理协会颁发的《建设工程监理从业人员教育与信用信息卡》。

（二）项目监理机构内部的职责分工应明确。进度控制、造价控制、安全生产监督管理、合同管理、资料管理及见证取样等监理工作可由总监理工程师指定项目监理机构监理人员兼任；若防空地下室和非人防工程由同一家工程监理单位监理，除防空地下室质量控制外，其他监理工作可由非人民防空工程监理人员兼任。

（三）工程监理单位在建设工程监理合同签订后，应于第一次工地会议前将项目监理机构的组织形式、人员构成及对总监理工程师的任命书面通知建设单位。

（四）总监理工程师在防空地下室工程监理过程中人员应保持稳定，必须调整时，工程监理单位应提前7天书面向建设单位报告，经建设单位同意后方可更换人员，并书面通知施工单位；项目监理机构其他人员也宜保持稳定，但可根据工程进展的需要进行调整，工程监理单位更换项目监理机构其他监理人员，应以相当资格与能力的人员替换，并书面通知建设单位和施工单位。

（五）工程监理单位在施工现场监理工作全部完成或监理合同终止时，应书面通知建设单位并办理相关移交手续后方可撤离施工现场。

（六）文件资料填写要求

1.总监理工程师任命书按《建设工程监理规范》（GB/T 50319—2013）附录表 A.0.1 的要求填写；总监理工程师代表授权书可由工程监理单位自拟表格将总监理工程师授权的具体内容按要求填写；总监理工程师任命书及总监理工程师代表授权书应一式三份，项目监理机构、建设单位、施工单位各执一份。

2.人民防空工程监理单位质量保证体系报告表，应按要求填写一式五份，其中一份由工程监理单位留存，一份提交给人防工程质量监督机构备案，三份由建设单位纳入人防工程质量终身责任信息档案。

3.人民防空工程监理单位项目负责人法定代表人授权书及工程质量终身责任承诺书，应按要求填写一式五份，其中一份由监理单位留存，一份提交给人防工程质量监督机构备案，三份由建设单位纳入人防工程质量终身责任信息档案。

4.监理人员变更，应按各责任主体管理人员变动情况备案表要求填写一式三份，项目监理机构、建设单位、施工单位各执一份。

5.项目监理机构的组织形式、人员构成，可采用《建设工程监理规范》（GB/T 50319—2013）附录表 C.0.1《工作联系单》，填写一式三份，项目监理机构、建设单位、施工单位各执一份。

二、监理工作准备会议

（一）组成项目监理机构后，工程监理单位应及时召开监理工作准备会。

（二）会议由工程监理单位分管领导主持，宣读总监理工程师任命书及授权书，介绍防空地下室的工程概况和建设单位及工程监理单位对防空地下室监理工作的要求，告知项目监理机构建设单位代表的姓名、职责及建设单位派遣相应人员情况。

（三）总监理工程师（必要时）宣读总监理工程师代表授权书，组织监理人员学习监理人员职责和监理人员工作守则等，明确项目监理机构各监理人员的分工及岗位职责及工程监理单位要求。

（四）学习和明确工程监理单位的监理工作制度。

1. 施工阶段的监理工作制度。

2. 考核检查制度。

3. 监理规划及细则编审制度。

4. 监理日志管理制度。

5. 监理月报管理制度。

6. 监理会议制度。

7. 工程资料台账管理制度。

8. 监理文件资料管理制度。

9. 廉政制度等。

三、监理人员岗位职责及监理设施、设备与资料

（一）监理人员岗位职责

1. 总监理工程师岗位职责

（1）总监理工程师由监理单位法定代表人书面任命及授权，对外代表监理单位，对内负责项目监理机构的日常工作，领导项目监理机构全体人员、对防空地下室建设工程监理合同的实施全面负责，实行总监理工程师负责制。总监理工程师应定期向监理单位分管领导汇报工作，在技术工作方面受监理单位技术负责人领导。

（2）代表工程监理单位与建设单位、设计单位、施工单位与当地人防工程质量监督部门等进行业务联系，协调防空地下室参建各方的关系，确保监理业务的实施。

（3）确定项目监理机构人员及其岗位职责。对项目监理机构的

日常工作定期进行检查和评价，对不称职的人员及时进行调换。根据防空地下室进展及监理工作情况调配监理人员。

（4）组织监理人员学习并贯彻国家、当地人防工程主管部门和建设工程主管部门颁布的法律、法规、相关质量验收规范、质量验收与评价标准。

（5）组织项目监理机构人员参加本单位对防空地下室建设工程监理合同文件交底。

（6）组织项目监理机构人员对建设工程施工合同文件（包括招投标文件）进行分析研究，熟悉合同内容。

（7）组织项目监理机构全体监理人员熟悉防空地下室施工图设计文件，对施工图设计文件中的问题提出书面意见，参加设计交底及图纸会审。

（8）组织编制防空地下室监理规划，审批监理实施细则。

（9）组织项目监理机构全体人员参加第一次工地会议并进行监理交底。

（10）参加人民防空工程质量监督部门的首次进场检查和质量监督交底、主体预验、单位工程竣前检查及重要部位和关键设备检查。并对整改事项进行布置和落实，签署整改报告。

（11）组织审查并批准防空地下室施工组织设计或施工方案、（专项）施工方案、应急救援预案。

（12）指派专人对涉及监理业务的合同进行分析和跟踪管理。

（13）审批施工单位报送的工程进度计划和延长工期的申请，并组织各专业监理工程师开展进度控制工作，并对工程进度进行检查。

（14）审查防空地下室开工、复工报审表，签发工程开工令、暂停令和复工令。

（15）组织召开监理例会及各项重要的专业会议，并督促检查会议决议事项的执行情况。

（16）组织审核并批准分包单位资格并督促总承包单位按规定设置分包公示牌，动态核查施工管理人员资格。

（17）组织检查施工单位现场质量、安全生产管理体系的建立及运行情况。

（18）全面负责项目监理机构安全生产监督管理的监理工作。指派专职或兼职的监理安全管理人员检查施工现场的安全防护、消防、卫生、环保及文明施工等情况。

（19）发现重大质量、安全隐患，施工单位拒不整改时，必须及时向本工程监理单位和上级主管部门书面报告。

（20）组织编写和签发防空地下室监理月报、会议纪要及其他需总监理工程师签署的项目程监理机构文件。

（21）组织审核施工单位的付款申请，签发工程款支付证书，组织审核竣工结算。

（22）参与或配合防空地下室质量、安全事故的调查和处理。

（23）组织审查和处理防空地下室的工程变更文件。

（24）调解建设单位与施工单位的合同争议、处理费用与工期索赔。

（25）组织验收分部工程，组织审查工程质量检验资料。

（26）审查施工单位的竣工申请，组织防空地下室竣工预验收，组织项目监理机构参加人防质量监督部门实施的竣前检查，组织编写防空地下室质量评估报告，参与防空地下室竣工验收。

（27）组织编写防空地下室监理工作总结、监理业务手册。

（28）组织整理并应指定专人管理监理文件资料，防空地下室竣工后及时移交本工程监理单位，督促施工单位整理防空地下室竣工资料。

（29）填写好个人监理日记或巡视记录；安排专人填写监理日志，审阅并确认监理日志；定期检查监理人员填写的个人监理日记并签署意见。

（30）接受、布置和落实人防工程主管部门、建设主管部门及本工程监理单位等交办的其他应办事项。

（31）可将部分工作以书面形式委托给总监理工程师代表，并定期检查其工作。

（32）总监理工程师不得将下列工作委托给总监理工程师代表。

① 组织编制监理规划，审批监理实施细则。

② 根据防空地下室进展及监理工作情况调配监理人员。

③ 组织审查防空地下室施工组织设计、（专项）施工方案、应急救援预案。

④ 签发防空地下室开工令、暂停令和复工令。

⑤ 签发防空地下室款支付证书，组织审核竣工结算。

⑥ 调解建设单位与施工单位的合同争议，处理费用与工期索赔。

⑦ 审查施工单位的竣工申请，组织防空地下室竣工预验收，组织编写防空地下室质量评估报告，参与防空地下室竣工验收。

⑧ 参与或配合防空地下室质量安全事故的调查和处理。

2.总监理工程师代表岗位职责

（1）总监理工程师代表经工程监理单位法定代表人同意，由总监理工程师书面授权，在总监理工程师的领导下，按总监理工程师授权书中列明的具体职责和权力，代表总监理工程师行使其部分职责和权力，对于重要的决策应先向总监理工程师请示后再执行。

（2）除认真做好本职工作外，还应协助总监理工程师完成各项日常工作并向总监理工程师汇报项目监理机构的工作情况。

（3）填写个人监理日记或防空地下室项目监理日志。

3.专业监理工程师岗位职责

（1）根据总监理工程师、总监理工程师代表的指令，按照专业及职责分工，负责实施本专业的监理工作并具有相应文件的签发权。

（2）专业监理工程师应根据总监理工程师的分配，做好其兼任的进度控制、造价控制、安全生产监督管理、合同管理、文件资料管理等监理工作。

（3）认真熟悉防空地下室施工图纸设计文件，对施工图设计文件中出现的问题提出书面意见。参加防空地下室设计交底及图纸会审。

（4）参与编制防空地下室监理规划，负责完成其本专业或本岗位有关部分的编写；负责编制其本专业或本岗位有关监理实施细则。

（5）参加第一次工地例会、监理例会及专题工作会议。

（6）审核防空地下室施工组织设计或施工方案中属于其本专业或本岗位的有关部分，提出审核意见，并监督其执行。

（7）审查施工单位提交的涉及本专业的报审文件，并向总监理工程师报告。

（8）参与审核分包单位资格。

（9）定期向总监理工程师报告本专业监理工作实施情况。

（10）专业监理工程师应对本专业监理员的工作进行指导、检查。

（11）检查进场的工程材料、构配件、设备的质量。

（12）对施工现场进行巡视检查，对发现的一般质量问题和安全事故隐患等及时签发监理通知单；对于重大质量问题和安全事故隐患等应及时向总监理工程师报告并经其同意后及时签发监理通知单。

（13）实施或组织对关键部位或关键工序的旁站监理工作。

（14）验收检验批、隐蔽工程、分项工程，参与人防质量监督部门实施的主体预验，参加分部工程验收。

（15）进行工程计量。

（16）参与工程变更的审查和处理。

（17）填写个人监理日记，负责完成监理月报、专题报告、监理工作总结等文件中与其本专业或本岗位的有关部分的编写。

（18）收集、汇总、参与整理监理文件资料。督促施工单位编制防空地下室竣工资料。

（19）参加人防质量监督部门实施的竣前检查，参与防空地下室竣工预验收和竣工验收。

（20）完成总监理工程师交办的其他工作。

4.监理员岗位职责

（1）监理员在总监理工程师、总监理工程师代表的领导下，在专业监理工程师的业务指导下，做好本职岗位的具体工作。

（2）学习和熟悉防空地下室施工图纸设计文件、施工及验收规范、规程等，督促施工单位执行监理程序、工艺规程及质量标准，参加防空地下室设计交底。

（3）参加监理例会和专题工作会议并做好记录和整理工作。

（4）检查施工单位投入工程的人力、主要设备的使用及运行状况。

（5）进行见证取样。

（6）复核工程计量有关数据。

（7）检查记录工艺过程或施工工序。

（8）根据专业监理工程师的安排做好旁站监理工作。

（9）发现施工作业中的问题，及时指出并向专业监理工程师报告。

（10）记录施工现场监理工作情况。

（11）填写个人监理日记。

（12）完成专业监理工程师交办的其他工作。

（二）了解、接受及妥善保管好建设单位在建设工程监理合同中约定供工程监理单位无偿使用的办公、交通、通信、生活等设施、设备及资料。对于建设单位提供的设施，项目监理机构应登记造册，并应在工程监理合同终止或防空地下室监理工作结束后，按约定的时间归还建设单位。

（三）提出工程监理单位宜为项目监理机构配备的保证现场监理工作需要的设施；按建设工程监理合同约定，工程监理单位宜配备的满足开展监理工作所需的检测设备及工器具、资料及文件。

1. 必要的交通、通信、生活等设施。

2. 电脑、打印机、网络及影像设备等。

3. 监理工作及建设工程监理合同约定需要配备的卷尺、靠尺、塞尺、游标卡尺、水准仪、经纬仪、混凝土回弹仪、砂浆回弹仪、电阻测定仪等基本常规检测设备。

4. 有关建设工程及人防工程规范、标准、图籍，设备及工器具检测证明。

四、建设工程监理合同及建设工程施工合同交底与分析

（一）总监理工程师应组织监理人员对防空地下室监理合同进行分析，主要了解熟悉以下内容。

1. 工程概况。

2. 监理工作的服务范围。

3. 监理工作的服务期限。

4. 双方的权利、义务和责任。

5. 违约的处理条款。

6. 监理酬金的支付办法。

7. 合同的生效、变更、暂停、解除与终止。

8. 建设单位派遣的人员和提供的房屋、资料、设备。

9. 其他有关事项。

（二）总监理工程师应组织项目监理机构人员对施工合同文件（协议书、招投标书、合同条件等）进行分析，主要了解熟悉以下内容。

1. 工程概况。

2. 合同工期。

3. 质量标准。

4. 安全生产管理目标。

5. 承包方式及中标价。

6. 工程材料、构配件和设备的采购方式。

7. 工程款支付和结算办法。

8. 适用的工程质量标准。

9. 与监理工作有关的条款。

10. 风险与责任分析。

11. 违约、变更、验收、索赔、争议、解除等处理的程序和时间方面要求的条款。

12. 其他有关事项。

（三）项目监理机构根据对上述两个合同的分析结果，提出相应的对策，制定在防空地下室施工监理过程中对两个合同的管理制度。

五、熟悉施工图设计文件

防空地下室施工图设计文件未经审查批准的，不得使用。经人民防空主管部门认定的人民防空工程施工图设计文件审查机构审查合格的防空地下室施工图设计文件是监理工作的重要依据之一，项目监理机构熟悉施工图设计文件是项目监理机构实施事前控制的一项重要工作。掌握防护工程设计特点、关键部位的质量要求，及早解决施工图设计文件中的矛盾和缺陷，部署监理工作重点，以便于项目监理机构按施工图设计文件的要求实施监理，为防空地下室监理工作的实施做好充分的准备。

（一）总监理工程师在收到施工图设计文件后应及时组织专业监理工程师熟悉施工图设计文件，将施工图设计文件中所发现的问题以书面形式汇总，通过建设单位提交给设计单位，必要时应提出合理的建议。

（二）熟悉施工图设计文件的主要内容。

1.施工图说明，分清防护区与非防护区的建筑设计要求与区别，了解各出入口的施工工艺要求。

2.防护系统设置，防护单元划分与抗爆隔墙的位置等。

3.各使用房间的用途与编号、尺寸、所有防护设备的位置、编号、主要尺寸、门的开启方向等。

4.顶板、墙体、底板上预埋预留的位置、标高、尺寸，穿越有防护密闭要求的墙体、板的防护密闭措施等。

5.熟悉防护密闭隔墙、密闭隔墙、外墙、临空墙等重点部位的施工质量要求。

6.熟悉通风系统的具体组成，通风方式转换原理。

7.熟悉管道空间走向和穿越结构的部位。管道密集部位，注意交错情况。

8.熟悉密闭穿墙管的施工要求及预埋件做法。

（三）熟悉防空地下室施工图设计文件时宜核查的主要内容：

1.施工图设计文件是否已经过人民防空工程施工图设计文件审查机构的审查，是否有人民防空工程施工图设计文件审查合格意见书，施工图设计文件的每一张图纸上是否加盖审查专用章。

2.施工图设计文件中设计单位和注册执业人员以及相关人员是否按规定在施工图上加盖相应的图章和签字。

3.施工图设计文件是否完整，是否与图纸目录相符。

4.施工图纸中所用材料、构配件、设备等是否符合现行建设工程及人民防空工程规范、规程、标准和规定的要求。

5.规定的施工工艺是否符合现行规范、规程的规定，是否符合实际，是否存在不易施工或不易保证工程质量的问题。

6.对所采用的新材料、新技术、新工艺、新设备，应符合国家及人民防空主管部门相关规定。

7.施工图设计文件中有无遗漏、差错和相互矛盾之处（如各部分尺寸、标高、位置、地上地下之间、室内室外之间、各专业之间等），尤其注意平战结合部分是否完善，有无防空地下室标志牌、指示牌、标示牌设计，有无建筑面积、防护面积、口部外通道面积和掩蔽面积的表述。

8.施工图各设计文件专业设计之间是否一致，各专业设计自身是否存在技术缺陷；和地上建筑设计之间是否协调。

9.各种使用功能是否满足要求。

10.施工图设计文件的设计深度是否满足施工需要，是否需要专项深化设计，是否有平战转换预案。

11.设计的经济性与合理性。

六、编制与审批防空地下室监理规划和监理实施细则

（一）监理规划是指导项目监理机构全面开展监理业务的指导性文件，要求具体规划出防空地下室监理工作做什么和怎么做。

（二）总监理工程师应在签订建设工程监理合同及收到防空地下室施工图设计文件后编制监理规划，并在召开第一次工地会议7天前报送建设单位。

（三）监理规划由总监理工程师组织专业监理工程师编制，总监理工程师签字（加盖人防工程注册监理工程师执业印章）后，由人防工程监理单位技术负责人审批加盖工程监理单位公章。

（四）监理规划编制应针对防空地下室的实际情况和特点，明

确项目监理机构的工作目标，确定具体的监理工作制度、程序、方法和措施，并具有针对性。

（五）在防空地下室监理工作实施过程中，因承包方式发生变化、工期和质量要求等发生重大变化，总监理工程师应组织专业监理工程师对监理规划进行修改，并经人民防空工程监理单位技术负责人批准后报建设单位。

（六）监理实施细则应在相应分部、分项工程施工开始前，由各专业监理工程师根据工程实际情况和专业特点，依据已批准的监理规划、专业工程相关的规范、标准、设计文件、技术资料和施工组织设计等文件编制，必须具有针对性和可操作性。

（七）监理实施细则应符合监理规划的要求，并应结合防空地下室的专业特点，具有可操作性。

（八）以下分部分项和专业工程需编制监理实施细则：结构工程，孔口防护工程，防水工程，给水排水工程，通风与空调工程，建筑电气安装工程，安全及其他超过一定规模的分部分项工程。

（九）监理实施细则由专业监理工程师编制，并经总监理工程师审批并签字（加盖人民防空工程注册监理工程师执业印章）后，在相应专业工程施工开始前报送建设单位，在工程监理单位和项目监理机构各留存一份备查。

（十）在实施防空地下室工程监理过程中，监理实施细则可根据实际情况进行补充、修改，经总监理工程师批准后实施。

（十一）监理规划的主要内容。

1.工程概况。防空地下室名称；建设地点；建设规模；防护等级；平时用途；战时用途；工程类型；防空地下室建设实施相关单位名录；防空地下室特点分析，包括涉及质量、进度、投资、技术、安全文明等方面的特点、重点和难点、关键部位等。

2.防空地下室监理工作的范围、内容、目标。

（1）建设工程监理的工作范围：根据建设工程监理合同约定的范围。

（2）监理工作内容：质量控制、进度控制、投资控制、合同管理、信息管理、组织协调工作及安全生产监督管理。施工阶段监理主要工作内容：

① 收到施工图设计文件后编制监理规划，并在第一次工地会议 7 天前报建设单位。根据有关规定和监理工作需要，编制监理实施细则。

② 熟悉施工图设计文件，并参加由建设单位主持的图纸会审和设计交底会议。

③ 参加由建设单位主持的第一次工地会议；主持监理例会并根据工程需要主持或参加专题会议。

④ 审查施工单位提交的施工组织设计，重点审查其中的质量安全技术措施、专项施工方案与工程建设强制性标准的符合性。

⑤ 检查施工单位工程质量、安全生产管理制度及组织机构和人员资格。

⑥ 检查施工单位专职安全生产管理人员的配备情况。

⑦ 审查施工单位提交的施工进度计划，核查承包人对施工进度计划的调整。

⑧ 检查施工单位的试验室。

⑨ 审核施工分包单位资质条件。

⑩ 查验施工单位的施工测量放线成果。

⑪ 审查工程开工条件，对条件具备的签发开工令。

⑫ 审查施工单位报送的工程材料、构配件、设备质量证明文件的有效性和符合性，并按规定对用于工程的材料采取平行检验或见证取样方式进行抽检。

⑬ 审核施工单位提交的工程款支付申请，签发或出具工程款支付证书，并报建设单位审核、批准。

⑭ 在巡视、旁站和检验过程中，发现工程质量、施工安全存在事故隐患的，要求施工单位整改并报建设单位。

⑮ 经建设单位同意，签发工程暂停令和复工令。

⑯ 审查施工单位提交的采用新材料、新工艺、新技术、新设备的论证材料及相关验收标准。

⑰ 验收隐蔽工程、分部分项工程。

⑱ 审查施工单位提交的工程变更申请，协调处理施工进度调整、费用索赔、合同争议等事项。

⑲ 审查施工单位提交的竣工验收申请，编写工程质量评估报告。

⑳ 参加工程竣工验收，签署竣工验收意见。

㉑ 审查施工承包人提交的竣工结算申请并报建设单位。

㉒ 编制、整理工程监理归档文件并报建设单位。

（3）监理工作目标：工程质量控制目标、工程造价控制目标、工程进度控制目标、安全文明管理监理工作目标等。

3. 监理工作依据。

（1）建设工程及人防工程相关法律、法规。

（2）住房和城乡建设部及国家人防办颁发的有关建设监理规定、相关质量验收规范与评价标准。

（3）防空地下室审批文件和施工图设计文件。

（4）建设工程监理合同及承包合同和相关的合同文件等。

4. 监理机构组织形式、人员配备及进退场计划、人防监理人员职责。

5. 项目监理机构工作制度。

6. 工程质量控制。工程质量控制目标分解；施工工艺过程中的质量（重点是防护工程质量）控制要点和方法及监理方案；事前质量控制的措施和方法；事中质量控制的措施和方法；事后质量控制的措施和方法；防空地下室防护质量常见问题及防治措施。

7.工程造价控制。工程造价控制要点；造价控制的监理工作原则、方法；造价控制的监理工作措施。

8.工程进度控制。工程进度控制目标分解；进度控制的工作内容；进度控制的监理工作原则；进度控制的方法及措施。

9.安全生产监督管理的监理工作。本防空地下室施工重大危险源辨识，监理工程师应审查的分部分项工程安全生产管理方案，监理工程师应审查的安全专项方案，本防空地下室设计的特种作业清单，危险源的监测与控制，各种危险和有害因素具体目标，起重设备的安装拆卸监控，防空地下室施工重大危险源防治管理，应急措施，应急救援预案，环境、文明施工控制。

10.合同与信息管理。

（1）合同管理措施，合同管理的主要工作内容及方法，施工阶段合同管理，合同管理资料收集，合同变更的处理，合同延期的处理，合同索赔的处理，合同违约的处理，审查分包合同。

（2）规划建立信息资料管理系统，信息收集、信息资料的加工整理和储存，信息资料的检索和传递，协助做好防空地下室档案资料的管理工作。

11.组织协调。

12.监理工作设施。

（十二）监理实施细则的编制依据和主要内容。

1.监理实施细则的编制依据：监理规划，防空地下室工程建设标准，施工图设计文件，施工组织设计，（专项）施工方案。

2.监理实施细则的主要内容。

（1）专业工程特点。根据防空地下室的具体情况编写，包括防空地下室工程设计文件对各专业工程特点和技术、功能的要求。

（2）监理工作流程。工作流程由工作内容和程序、责任人/部门、工作成果三要素组成，并针对各工作阶段编制。

（3）监理工作要点。根据不同的专业和分部、分项工程，针对设计要求、施工方案所制定的施工工艺、方法，从质量、进度、造价控制和安全生产监督管理等各方面详细编写，应设定具体、针对性的控制目标和控制点。

（4）监理工作方法及措施。监理工作方法应针对所设定的目标控制点、安全生产监理工作要点，以事前控制、过程控制、事后验收、总结为顺序编写。

（5）分部、分项工程常见防护质量问题及其预防措施。

（6）监理旁站内容、方法和要求。

① 监理旁站要求。

② 监理旁站内容。

③ 影像资料留存计划及内容。

（十三）监理规划和监理实施细则编写注意事项。

1.使用 A4 规格纸打印，图表插页使用 A4 或 A3 规格纸打印。

2.使用规范的简体汉字，使用国家标准规定的计量单位，如 m、m^2、mm^2、t、kPa、MPa 等。不使用中文计量单位名称，如千克、吨、米、平方厘米、千帕、兆帕等。

3.各种技术用语应与国家标准、规范、规程中所用术语相同。

4.参加工程建设各方的名称宜作如下统一规定。

（1）建设单位：不使用业主、甲方、发包方、建设方。

（2）施工单位：不使用承包单位、乙方、承包商、承包方；可使用施工总包单位和分包单位；施工单位分包的劳务队伍一律称劳务分包单位；施工单位派驻施工现场的执行机构统称项目经理部。

（3）监理单位：不使用监理方；人防工程监理单位派驻施工现场的执行机构统称防空地下室项目监理机构。一般不宜单独使用"监理"一词，应具体注明所指为人防工程监理单位、防空地下室项目监理机构、人防工程监理人员或是人防工程监理工程师。

（4）设计单位：不使用设计院、设计、设计人员。

七、协助配合工作

（一）协助配合建设单位在工程开工前至工程所在地人防质量监督机构办理工程施工质量监督登记手续。

（二）协助建设单位在工程开工前至工程所在地建设行政主管部门办理建筑工程施工许可证。

八、资料收集建档

（一）总监理工程师应书面要求建设单位和施工单位在第一次工地会议前有关资料将提供给项目监理机构；工程监理单位前期准备资料应由项目监理机构留存。

（二）建设单位提供如下主要资料。

1. 规划、施工许可文件。

2. 施工图设计文件（原件）。

3. 工程地质勘察报告（原件）。

4. 水准点、坐标点等原始资料。

5. 气象、水文观测资料。

6. 施工现场地下管线资料。

7. 相邻建筑物、构筑物和地下工程相关资料。

8. 施工单位中标通知书、施工合同、施工招投标文件。

9. 建设单位与工程建设相关单位签订的合同协议书。

10. 法律法规规定和建设单位委托的其他相关文件资料。

11. 工程实施所需要的其他相关技术资料。

建设单位提供上述文件资料复印件的，建设单位应加盖公章，并由经手人签字、注明日期，项目监理机构应留存备查。

（三）工程监理单位前期准备如下资料。

1. 工程监理单位资质证书、营业执照。

2. 建设工程监理合同。

3.质量体系认证证书及作业文件。

4.各岗位监理人员的岗位证、总监理工程师任命书、总监理工程师代表授权书（必要时）、项目监理机构组成及职责分工、人民防空工程监理单位项目负责人法定代表人授权书及工程质量终身责任承诺书、人民防空工程监理单位质量保证体系报告表。

5.规范、标准、书籍、设备及工器具检测证明、监理规划等。

工程监理单位提供上述文件资料复印件的，需人民防空工程监理单位加盖公章，由项目监理机构留存备查。

（四）项目监理机构（专职）资料管理人员应及时收集以上文件资料并建立管理档案，对各类文件资料进行分类归档。

第二节
防空地下室施工准备阶段的监理工作

一、参与图纸会审和设计交底

（一）总监理工程师应组织项目监理机构监理人员参加建设单位主持的图纸会审和设计交底会议，由施工单位负责记录，会后应形成会议纪要及图纸会审记录，经建设单位、设计单位、施工单位和工程监理单位相关人员共同签章后，正式发送各方，作为签订工程变更的依据，项目监理机构应留存备查。

（二）图纸会审和设计交底会议纪要应包含如下主要内容。

1.设计主导思想、设计构思、采用的设计规范、各专业设计说明等。

2.施工图设计文件对主要工程材料、构配件和防护设备的要求，对所采用的新材料、新工艺、新技术和新设备的要求，对施工技术的要求以及涉及防护工程质量、施工安全等应特别注意的事项。

3.设计单位对建设单位、施工单位和工程监理单位提出的意见和建议的答复。

二、第一次工地会议

（一）工程正式开工前，现场全体监理人员应参加建设单位组织主持的第一次工地会议，与会各方分别为建设单位、施工单位、工程监理单位、设计单位（必要时）等相关单位。

（二）第一次工地会议应包含如下主要内容。

1.建设单位、施工单位和工程监理单位分别介绍各自驻现场的组织机构、人员及分工。

2.建设单位代表宣布对总监理工程师的授权。

3.建设单位介绍工程开工准备情况。

4.施工单位介绍施工准备情况。

5.建设单位代表和总监理工程师对施工准备情况提出意见和要求。

6.总监理工程师介绍监理规划的主要内容。

7.研究确定各方在施工过程中参加监理例会的主要人员，召开监理例会的周期、地点及主要议题。

8.其他有关事项。

（三）第一次工地会议会议纪要由项目监理机构负责整理，与会各方会签后，分发有关各方，项目监理机构必须将会议纪要归档。

三、审查施工单位资格

（一）施工单位进场、工程开工前，项目监理机构专业监理工程师应当审查施工单位报审的相关资料原件，确认符合有关规定后，由总监理工程师予以签认，项目监理机构应留存加盖施工单位印章、有经手人签名、注明日期的复印件备查。

（二）施工单位资格审核应包括下列基本内容。

1.施工单位资质证书、营业执照。

2.施工单位安全生产许可证。

3.现场项目管理机构的质量管理体系、技术管理体系和质量保证体系。

4.现场项目管理机构的安全管理体系、安全管理方案。

5.施工单位质量、安全管理专职工作人员及其他人员资格证书、特种作业人员操作资格证书等有关资料。

6.其他按规定应审查的资料。

四、审查施工组织设计或施工方案

（一）防空地下室建筑面积为2万平方米以上时，施工单位应编写防空地下室施工组织设计；防空地下室建筑面积为2万平方米以下时，施工单位可编写防空地下室施工方案。

（二）项目监理机构与建设单位应在收到施工组织设计或施工方案后，在合同文件约定的时限内确认或提出修改意见。

（三）施工组织设计或施工方案报审程序：

1.施工组织设计或施工方案必须经施工单位技术负责人审核签认后，与施工组织设计或（专项）施工方案报审表一起报送项目监理机构。按规定，必须经过专家论证的施工组织设计，施工单位应按程序和相关规定组织专家论证，符合要求后方可向项目监理机构报审。

2.总监理工程师应对施工单位在开工前向项目监理机构报送的施工组织设计或施工方案组织各专业监理工程师予以审查。

3.根据各专业监理工程师提出的审查意见，施工组织设计或施工方案需要施工单位修改时，总监理工程师应签发书面意见后退回施工单位进行修改，修改后重新按程序报审。

4.符合要求的施工组织设计或施工方案，由总监理工程师审核签认并加盖执业印章后执行。已签认的施工组织设计或施工方案由项目监理机构报送建设单位，并发施工单位。

5.在施工过程中，施工条件发生变化时，施工单位必须对已批准的施工组织设计或施工方案进行调整、补充或完善时，应经专业监理工程师审查，由总监理工程师审核签认并加盖执业印章后执行。

（四）审查施工组织设计的主要内容。

1.编审程序和编审人员资格应符合相关规定（通常情况下，项目技术负责人组织编制，项目经理审查签字，施工单位公司技术负责人审批签字，施工单位内部审批程序完善、签章齐全）。

2.施工单位项目经理部的质量、安全生产管理体系应健全。

3.施工总平面布置图应科学合理。

4.施工方案、施工方法、施工工艺应符合国家强制性标准、环保及施工图设计文件要求。

5.质量、安全、进度目标及具体实施措施应符合施工合同要求。

6.进度计划应保证施工的连续性和均衡性，所需的人力、材料、设备等资源供应计划应与进度计划协调。

7.安全措施应符合工程建设强制性标准。

8.其他有关质量常见问题防治的具体措施应齐全、翔实。

9.涉及合同价款变化的施工方案和技术措施应妥当。

10.生产安全事故应急预案中应急组织体系、相关人员职责、预警预防制度、应急救援措施。

（五）因设计文件变更或施工组织设计（或施工方案）较大变动而产生的施工组织设计或施工方案调整，总监理工程师应按程序重新组织各专业人员审核后签认，并报建设单位审批。

（六）专业监理工程师应要求施工单位项目技术负责人报送口部、防护密闭段、临空墙、防护密闭隔墙、防护设备安装、后浇带、顶板起重机预留洞等重点部位、关键工序的施工工艺和确保工程质量的措施方案，经专业监理工程师审核同意后予以签认。相关的工艺和措施方案应在项目监理机构留存备查并作为监理工作依据。

（七）总监理工程师应组织相关专业监理工程师审核施工组织设计或施工方案，经相关专业监理工程师签字认可，并经总监理工程师审批签认加盖执业印章后由项目监理机构留存备查并作为监理工作依据。施工组织设计或施工方案签认前，应做好同地上建筑参建单位的协调。

（八）《施工组织设计/（专项）施工方案报审表》应符合《建设工程监理规范》（GB/T 50319—2013）附录表 B.0.1 格式。表格一式三份，其中项目监理机构签署意见后自留一份，报建设单位一份，返回施工单位一份。

五、参加防空地下室质量监督交底会议

总监理工程师应组织专业监理工程师参加人防工程质监部门工程监督小组的现场质量监督交底会议，并做好会议记录。质量监督交底记录项目监理机构应留存，并组织全体监理人员学习，以便于更好地开展现场监理工作。

六、核查开工条件、总监理工程师签发工程开工令

（一）总监理工程师应组织专业监理工程师审查施工单位报送的工程开工报审表及相关资料。

（二）专业监理工程师应核查下列条件是否具备。

1. 设计交底和图纸会审已完成。

2. 施工组织设计已由总监理工程师签认。

3.施工单位现场质量、安全生产管理体系已建立，管理及施工人员已到位，施工机械具备使用条件，主要工程材料已落实。

4.进场道路、水、电、通信等已满足开工要求。

5.施工现场生活办公临建设施、围挡墙、大门、洗车设施、场地硬化等设施情况已符合相关要求。

6.防空地下室质量监督手续已办理，建筑工程施工许可证已由建设行政主管部门颁发。

7.其他按照规定应满足的条件。

（三）总监理工程师经审核认为具备开工条件时，在开工报审表上签署意见，并报建设单位批准后，总监理工程师应在开工日期7天前向施工单位发出工程开工令。

（四）表格填写要求。

1.《工程开工报审表》按单位工程填报，表格格式应符合《建设工程监理规范》（GB/T 50319—2013）附录表 B.0.3 格式。表格一式三份，项目监理机构、建设单位、施工单位各执一份。

2.《工程开工令》应符合《建设工程监理规范》（GB/T 50319—2013）附录表 A.0.2 的格式，一式三份，项目监理机构、建设单位、施工单位各一份。

七、主要文件资料收集归档

（一）设计交底和图纸会审会议纪要、图纸会审记录资料。

（二）第一次工地会议纪要。

（三）施工单位主要资格资料：

1.施工单位资质证书、营业执照。

2.施工单位安全生产许可证书。

3.质量体系认证证书。

4.施工单位现场项目管理体系及各岗位人员的资质证书。

5.特种作业人员上岗证。

（四）施工组织设计或方案报审及审批资料。

（五）施工控制测量成果报验资料。

（六）质量监督交底记录。

（七）开工报审资料及工程开工令。

第三节
防空地下室质量控制

一、质量控制的原则

（一）以施工图设计文件、工程变更、国家有关法律法规、工程设计及施工技术规范、规程、工程质量验收规范、标准等为依据，监督施工单位全面实现建设工程施工合同中约定的工程质量目标。

（二）坚持预防为主原则，以预控和主动控制为主，过程控制是关键，验收把关为主要手段。

（三）对工程项目的"人、机、料、法、环"等因素进行全面的质量控制，监督施工单位质量管理体系、技术管理体系和质量保证体系落实到位并正常发挥作用。

（四）严格要求施工单位执行材料试验、设备检验及施工试验制度。

（五）坚持不合格的建筑材料、构配件和设备不得在工程上使用。

（六）坚持不符合程序不予验收的原则，本道工序未经验收或验收不合格，不得进行下一道工序施工。

二、质量控制的手段与方法

（一）审核有关技术文件资料、报告或报表。

监理工程师应按施工进程审核、签署有关质量文件、报告或报表，形成独立的质量控制文件资料和实测检查（检验）的质量验收记录资料。

（二）见证取样。

1.项目监理机构应按规定指定一名监理人员作为见证取样员，负责见证取样工作。见证取样员应按规范规定和合同约定对需要复试的进场材料、构配件及设备进行见证取样，并建立试验台账，于检验报告返回后进行完善。按规定程序复试不合格的材料、构配件、设备不得用于工程，应要求施工单位限期撤出施工现场。

2.见证取样与送检应按以下步骤进行。

（1）需送检的材料等，施工单位质检员应会同项目监理机构专门人员按规定取样后，送至具有相应资质的检测（试验）单位检验。对涉及结构安全、节能、环保和主要防护功能、使用功能的试件、材料等必须见证取样送检的建材产品，施工单位的取样人员应按照见证取样与送检的规定，在项目监理机构见证下，在进场时或施工中按规定进行取样、封样后，共同送至检测机构进行检验。检验不合格的，应按照判定原则处理。

（2）取样人员应在试样上或其包装上做出标识、封志，标识和封志应标明工程名称、取样部位、取样日期、样品名称和样品数量，并由人民防空工程监理人员和取样人员共同签字。监理人员应确保见证取样送检过程的规范性，并对送检样品的真实性负责。

（3）项目监理机构应督促检测单位对见证取样与送检试件、材料的检测报告加盖见证取样检测专用章。检测报告应在项目监理机构留存备查。

（三）巡视。

1.项目监理机构应安排监理人员对工程质量情况进行巡视，各专业监理工程师应每天对本专业工程施工质量情况巡视不少于两次。

2.监理人员应重点巡视的内容。

（1）施工单位是否按施工图设计文件、工程建设标准、批准的施工组织设计或（专项）施工方案施工。施工单位必须按施工图设计文件和施工技术标准施工，不得擅自修改工程设计，不得偷工减料。

（2）检查施工单位使用的材料、构配件和设备是否合格。不得在工程中使用不合格的原材料、构配件和设备。

（3）施工现场管理人员，特别是施工质量管理人员是否到位及其履职情况，并做好检查和记录。

（4）检查施工单位特种作业人员是否持证上岗。建筑电工、建筑架子工、建筑起重信号司索工、建筑起重机械司机、建筑起重机械安装拆卸工、焊接切割操作工以及经省级以上人民政府建设主管部门认定的其他特种作业人员，必须持施工特种作业人员操作证上岗。

3.监理人员在巡视中发现施工过程存在质量问题和质量隐患的，应及时纠正或书面通知施工单位整改。

4.专业监理工程师应将本专业工程施工质量的巡视情况、质量问题和质量隐患的整改及落实情况记录在监理日志中。

（四）旁站。

旁站是项目监理机构对工程的关键部位或关键工序的施工质量进行的监督活动，是项目监理机构对工程的关键部位或关键工序的施工质量实施监理的方式之一。旁站的对象是工程的关键部位和关键工序，旁站的目的是监督施工过程，保证工程质量。

1.项目监理机构应根据相关法规、工程特点和施工单位报送的施工组织设计，将影响工程主体结构安全、防护要求、完工后无法检测其质量的或返工会造成较大损失的部位及其施工过程作为旁站的关键部位、关键工序。在旁站内容开始施工之前，总监理工程师应组织专业监理工程师编制旁站监理方案并监督执行。

2.工程关键部位、关键工序包括：土方回填、后浇带及其他有防护要求的结构混凝土、门框墙制作、密闭穿墙管防护密闭或密闭处理、防水混凝土浇筑，卷材防水层细部构造处理、梁柱节点钢筋隐蔽过程、混凝土浇筑及现行规范、标准等规定的其他需要旁站的内容。

3.项目监理机构应将旁站监理方案中确定的关键部位、关键工序书面通知施工单位。

4.编制的旁站监理方案应结合施工图设计文件及施工现场的实际情况随时作出必要的调整，经总监理工程师审批后实施并应在项目监理机构留存备查。以下工程和内容必须进行旁站。

（1）土方回填。对基槽（坑）每层回填及碾压后的密实度全过程检测。密实度实验必须由有资质的实验室独立完成。在实验前24小时，施工单位必须书面通知项目监理机构。

（2）有防护要求的结构及防水混凝土。对全部有防护要求的结构混凝土和防水混凝土进行旁站，主要包括：混凝土浇筑顺序和开始及完成时间是否与施工方案要求一致；对大体积混凝土如果分层浇筑，要记录两层之间的时间间隔并确认在上层浇筑时下层是否已超过初凝时间及梁板混凝土浇筑和墙体混凝土浇筑在各个接茬部位是否会形成冷缝；检查钢筋、后浇带、施工缝位置和做法是否符合规范及施工方案的要求；不同强度等级和不同抗渗等级的混凝土有无错浇现象；混凝土振捣是否密实，模板是否有变形及漏浆情况；下次浇筑前施工缝是否已按要求处理；抽查混凝土坍落度情况，记录试块留设情况；有无其他异常，如出现异常立即报告。旁站监理员应严格监督施工单位在现场按规定留置标准养护试块和同条件养护试块。同条件养护试块的留置组数应满足施工期间确定结构构件混凝土强度和检验结构实体混凝土强度的需要。具体情况应在旁站记录中记录。

（3）卷材铺设、防水层细部构造处理。卷材铺设、防水细部如转角、收口、与管道相接处、预留洞口处进行旁站。主要包括：检查基层是否符合要求；施工人员是否持证上岗；工程材料是否与项目监理机构批准的材料一致；铺贴方法、顺序、搭节长度与墙体连接等方面是否符合相关要求。

（4）给水排水工程。对给水排水工程施工过程进行旁站，主要包括：防爆地漏安装、防水套管安装，镀锌钢管、钢管埋地防腐处理，设备（水泵）安装、基础浇筑，阀门及给水系统水压强度和严密性试验，排水系统闭水、灌水、通水和通球试验，水箱的满水试验，管道冲洗、消毒；阀门和喷头试验，单机调试和系统调试。

（5）电气工程。对电气工程安装过程进行旁站，主要包括：通风信号系统安装调试，变压器吊装和较重的高低压开关柜吊装，变压器、高低压开关柜的耐压试验和调试，动力配电系统、照明系统的耐压试验和验收，火灾报警系统的调试、联动调试和验收，绝缘电阻测试、接地电阻测试、等电位联结检测等。

（6）通风空调工程。对通风空调工程安装过程进行旁站，主要包括：金属通风管、法兰焊接，密闭阀门、自动（或防爆超压）排气活门安装调试、风口与系统风量平衡测试、消防与排烟，正压通风联合测试。

5.施工单位必须根据旁站监理方案的要求，在需旁站监理的部位施工前 24 小时向项目监理机构报告。如果不报告而擅自施工的，总监理工程师应下发停工令，责令停止施工、按期整改，有关损失由施工单位自行承担。

6.收到施工单位的旁站监理报告后，专业监理工程师应立即检查确认是否已具备施工条件。检查内容为：

（1）上道工序及其他专业在该部位的工程是否已确认合格。

（2）施工方案是否已经项目监理机构批准。

（3）施工设备、人员、材料等是否到位。

（4）安全设施是否符合相关要求。

（5）是否有影响施工的其他因素。

以上条件均满足后，专业监理工程师应回复施工单位，同意施工，并明确旁站人员姓名和到场时间。

7.总监理工程师（或专业监理工程师）应指派专业监理人员对关键部位、关键工序的施工过程进行旁站，并记录旁站情况，由旁站监理人员签字。

8.旁站现场问题的处理方法。

（1）旁站人员发现施工单位有违反施工规范和方案的，有权责令施工单位现场整改，并做好现场记录。

（2）旁站人员发现其施工活动已经或者可能危及工程质量，或有重大安全隐患时，应及时报告总监理工程师和专业监理工程师，由总监理工程师下达局部暂停施工指令或采取其他应急措施。施工单位在接到通知后应立即停止施工，并妥善保护现场，如有重大安全隐患，必须尽快疏散全部施工人员。

（3）施工单位质检员必须在场跟班，如无故不到，旁站人员可报告总监理工程师进行处理。

（4）如旁站人员对材料、设备质量情况有疑问，应暂停使用并进行必要的检验、检查，施工单位应给予积极配合。

9.旁站人员职责。

（1）检查施工企业现场质检员到岗、特殊工种人员持证上岗及施工机械、建筑材料准备情况。

（2）在现场跟班监督关键部位、工序的施工执行施工方案和工程建设强制性标准情况。

（3）核查进场建筑材料、建筑构配件、设备和商品混凝土的质量检验报告等，并可在施工现场监督施工企业进行检验或者委托具有资格的第三方进行复验。

（4）做好旁站监理记录，保存旁站监理原始资料。

（5）现场监理人员作好监理日记。

10.《旁站记录》应符合《建设工程监理规范》（GB/T 50319—2013）附录表 A.0.6 格式。表格一式一份，由项目监理机构留存。

（五）平行检验。

1.项目监理机构应按有关规范、技术标准规定和工程监理合同约定，对工程材料、施工质量进行平行检验。

2.平行检验的项目、数量、频率和费用等应符合建设工程监理合同的约定。

3.施工过程中已完工程施工质量应在施工单位自检的基础上再进行平行检查，并应符合工程特点或专业要求以及行业主管部门的相关规定。

4.平行检验不合格的工程材料、施工质量，项目监理机构应签发监理通知单，要求施工单位在指定的时间内整改并重新报验。

（六）采取必要的检查、测量、试验、观察等手段以验证和判定工程质量。

（七）把好工序、检验批、分项、分部工程的质量关。凡上道工序未经验收或验收质量不合格未予签认的，不得进行下一道工序施工。对于经质量检查，判定为不合格的，或没有达到规定标准的部分，应监督施工单位进行返修、返工或加固补强。

（八）严格执行施工试验、进场材料复试及抽检试验制度。

按规定进行材料抽检的建材产品，采购单位应委托具有法定资质的检测机构，会同项目监理机构、施工单位按相关标准规定的取样方法、数量和判定原则现场抽样检验。

（九）项目监理机构对已进场经检查不合格的工程材料、构配件、设备，应要求施工单位限期将其撤除施工现场。

（十）对不合格的分包单位及不称职施工单位人员建议予以撤换。

三、质量事前控制的主要工作

（一）项目监理机构应在监理规划和监理实施细则中明确防护工程质量控制点，并制定针对性的控制方法和措施。

（二）熟悉和掌握工程质量控制的技术依据。

1. 施工图纸及其有关说明文件。

2. 相关规范、规程、标准。

3. 设计交底及施工图纸会审最后形成的技术文件、工程变更。

4. 合同文件中有关质量的要求。

5. 有特殊要求的工程，应要求有关单位提供施工程序、验收标准及质量指标。

（三）工程开工前，项目监理机构应审查施工单位现场质量管理组织机构、管理制度及专职质量管理人员和特种作业人员的资格。

1. 施工单位现场管理组织机构设置是否健全，人员配备、职责与分工的落实情况。

2. 管理制度是否完备、健全。

3. 施工单位现场主要管理人员及专职质量管理人员配备是否与招标文件相符合。

4. 特种作业人员资格是否符合要求。

5. 各项质量管理流程是否满足施工质量管理的需要。

（四）项目监理机构应对施工组织设计、施工方案中的质量控制点的设定、质量保证措施的合理性、检验批划分的正确性、质量验收计划的可行性等内容进行审查。

项目监理机构对施工组织设计、施工方案的审查应有书面审查意见记录，审查意见应记录在施工组织设计或施工方案报审表中。

（五）总监理工程师在分部分项工程开工前应组织专业监理工程师审查施工单位报送的施工方案，审核程序与施工组织设计或施工方案的审核程序相同。审查的主要内容如下。

1.编审程序及人员资格应符合相关规定。

2.施工方案中的质量管理体系满足施工要求。

3.施工方法、施工工艺应符合工程建设强制性标准。

4.质量目标应符合施工组织设计要求。

5.质量控制点的设定应合理，质量保证措施应符合有关标准。

6.安全、环保、消防和文明施工措施应符合有关规定。

7.附有必要的计算书。

（六）审查分包单位资格。

1.分包单位进场、分包工程开工前，项目监理机构应审核施工单位报送的分包单位资格报审表及相关资料，专业监理工程师提出审查意见后，应由总监理工程师审核签认。

2.分包单位资格审核应包括下列基本内容。

（1）营业执照、企业资质等级证书。

（2）安全生产许可文件。

（3）类似工程业绩。

（4）专职管理人员和特种作业人员的资格。

（5）施工单位对分包单位的管理制度等。

3.《分包单位资格报审表》应符合《建设工程监理规范》（GB/T 50319—2013）附录表 B.0.4 的要求，表格一式三份，其中项目监理机构签署意见后自留一份，报建设单位一份，返回施工单位一份。

（七）审查试验室资格。

1.工程开工前，施工单位应报审为工程服务的试验室的检查申请。

2.专业监理工程师应检查施工单位为工程提供服务的试验室，试验室的检查应包括下列内容。

（1）试验室应具有政府主管部门颁发的资质证书及相应的试验

范围。

（2）试验设备应由法定计量部门出具符合规定要求的计量检定证明。

（3）试验室相关管理制度：试验人员工作纪律、人员考核和培训制度、仪器设备管理制度、安全环保管理制度、外委试验管理制度、对比试验及能力考核制度、样品管理制度、试验检测报告管理制度、原始记录管理制度、资料管理制度、施工现场（搅拌站）试验管理制度、检查评比制度、工作会议制度及报表制度等。

（4）从事试验、检测工作的人员应按规定具有相应的上岗资格证书。

项目监理机构应定期检查施工单位直接影响工程质量的计量设备的技术状况。混凝土、砂浆搅拌前必须取得由检测（试验）单位出具的配合比通知书，施工现场所用材料发生变化时，应委托检测（试验）单位重新设计配合比。施工现场必须在搅拌机具旁设置计量设备，悬挂计量标志牌。计量设备应具有法定计量管理部门签发的有效合格证明，并定期校准。现场应设置专职计量员，佩戴胸卡，具体负责各种原材料的计量，并填写计量记录。

3.《试验室报审表》应符合《建设工程监理规范》（GB/T 50319—2013）附录表 B.0.7 格式，表格一式两份，项目监理机构、施工单位各执一份。

（八）复核施工控制测量成果。

1.专业监理工程师应检查、复核施工单位报送的施工控制测量成果及保护措施，并签署意见。

2.熟悉、核查施工控制测量依据资料、施工图设计文件。

（1）施工控制测量依据资料：规划红线、基准或基准点、引进水准点文件资料。

（2）总平面布置图上建设用地红线桩的坐标与角度、距离是否对应；建筑物定位依据和定位条件是否明确合理；建筑物的几何关系是否正确；室外设计高程及有关坡度是否合理对应。

（3）各专业图纸中的轴线关系、几何尺寸和高程是否正确，相关位置是否对应。

3.施工控制测量成果及保护措施的检查、复核，应包括下列内容。

（1）施工单位测量人员的资格证书及测量设备检定证书。

（2）施工平面控制网、高程控制网和临时水准点的测量成果及控制桩的保护措施。

4.专业监理工程师应会同地上工程监理人员采取资料检查和现场测量的方式对施工单位报送的施工控制测量成果报验表进行审查，报验表符合规定时予以签认，并要求施工单位保护好控制桩。

5.《施工控制测量成果报验表》应符合《建设工程监理规范》（GB/T 50319—2013）附录表 B.0.5 格式，表格一式三份，项目监理机构、建设单位、施工单位各执一份。

（九）项目监理机构应核查施工单位质量保证措施的落实情况，及时发现可能出现的质量隐患，并以口头或书面形式通知施工单位整改。

（十）项目监理机构对需要进行深化设计的专业工程，宜在相应专业工程开工前协助建设单位组织原设计单位、深化设计单位和各专业施工单位对深化设计文件进行会审。

（十一）总监理工程师应在工程开工前，检查验收施工单位报送的由施工单位现场负责人填写的《施工现场质量管理检查记录表》及附件，若检查验收合格，总监理工程师签认后工程方可开工；若总监理工程师检查验收不合格，施工单位必须限期改正，否则不许开工。《施工现场质量管理检查记录表》按《人民防空工程质量验收与评价标准》（RFJ 01—2015）附录 A 表的要求进行检查记录。

四、施工过程中的质量控制

（一）材料、构配件、设备验收。

1.项目监理机构应审查施工单位报送的用于工程的材料、构配件、设备的报审表。

2.项目监理机构应审查材料、构配件、设备的出厂合格证、质量检验报告、性能检测报告以及施工单位的质量抽检报告等质量证明文件，并检查材料、构配件、设备的外观质量。检查不合格不得进场，已经进场的应要求施工单位限期将其撤出施工现场。

3.项目监理机构应按有关规定、建设工程监理合同的约定，对用于工程的材料进行见证取样、平行检验。规范规定需要复试检验的材料、构配件，专业监理工程师应审查复试检验结果，复试结果不合格的不得在工程中使用；建材产品检验合格，经专业监理工程师同意后方可使用；检验不合格，施工项目部应在项目监理机构见证下进行封存，并及时报告工程质量监督机构，按规定进行处理。

4.当施工单位采用新材料、新工艺、新技术、新设备时，专业监理工程师应要求施工单位报送相应的施工工艺措施和证明、检验、检测、试验、鉴定或评估报告及相应的验收标准等材料，组织专题论证，经审定后予以签认。论证的相关资料应在项目监理机构留存备查。进口材料和设备应提供有效进口商检合格证明、中文质量证明等文件，按规定进行复试并检测合格后方可应用于工程。

5.当工程采用新材料、新工艺、新技术、新设备，且专业验收规范没有相应的验收规定时，应由建设、监理、设计、施工的一方或几方制定专项验收规定，专项验收规定应经四方认可，在实施前需经技术鉴定并报市人防办备案。

6.《工程材料、构配件、设备报审表》应符合《建设工程监理规范》（GB/T 50319—2013）附录表 B.0.6 格式，表格一式两份，项目监理机构、施工单位各执一份。

（二）隐蔽工程验收。

1.项目监理机构应要求施工单位在隐蔽工程验收前对所报验的隐蔽工程进行自检，并确认自检合格。

2.隐蔽工程验收前，施工单位应将隐蔽验收的内容、时间和地点书面通知项目监理机构，并报送报验表及其附件。

3.专业监理工程师应按时到场并对隐蔽工程进行检查验收。经专业监理工程师检查确认质量符合设计、规范要求，并在申请表上签字后，施工单位方可进行隐蔽。检查质量不合格的，施工单位应在项目监理机构要求的时间内完成整改，并重新报验。

4.项目监理机构对已同意覆盖的工程隐蔽部位质量有疑问的，或发现施工单位私自覆盖工程隐蔽部位的，项目监理机构应要求施工单位对该隐蔽部位进行钻孔探测、剥离或以其他方法进行重新检验。

5.隐蔽工程验收时，专业监理工程师应对需隐蔽工程进行实测检查，并将验收内容和验收结果形成书面记录归档。

6.《隐蔽工程报验表》应符合《建设工程监理规范》（GB/T 50319—2013）附录表 B.0.7 格式，表格一式两份，项目监理机构、施工单位各执一份。

（三）检验批验收。

1.项目监理机构应在进行检验批验收前要求施工单位对所报验的检验批先行自检，并确认自检合格。

2.施工单位应在检验批验收前通知专业监理工程师检验批检查的内容、时间和地点，并报送验收申请表。

3.专业监理工程师应及时对该检验批的质量状况进行核验检查。经专业监理工程师检查确认质量符合要求，并在申请表及相关技术资料上签字确认后，施工单位方可进行后续施工。质量不合格的，施工单位应在项目监理机构要求的时间内完成整改并重新报验。

4.检验批验收时，专业监理工程师应首先依据相应技术规范核查检验批划分的正确性及是否与施工组织设计相一致，并对检验批进行实测检查，根据实测数据进行统计分析以确定检验批是否合格，将验收内容和验收结果形成书面记录并归档。

5.《检验批报验表》应符合《建设工程监理规范》（GB/T 50319—2013）附录表 B.0.7 格式，表格一式两份，项目监理机构、施工单位各执一份。

（四）分项工程验收。

1.项目监理机构应在进行分项工程验收前要求施工单位对所报验的分项工程先行自检，并确认自检合格。

2.施工单位应在分项工程验收前通知专业监理工程师检验批检查的内容、时间和地点，并报送验收申请表。

3.专业监理工程师对报验的资料进行审查。审查合格的，专业监理工程师签字确认；审查不合格的，专业监理工程师应在报审表中翔实说明并退回，或签发监理通知要求施工单位对所报资料进行补充完善。

4.分项工程验收时，专业监理工程师应核查分项工程所含各检验批是否均已合格，并形成书面记录。

5.《分项工程报验表》应符合《建设工程监理规范》（GB/T 50319—2013）附录表 B.0.7 格式，表格一式两份，项目监理机构、施工单位各执一份。

（五）分部工程验收。

1.在进行分部工程验收前，项目监理机构应要求施工单位对所报验的分部工程先行自检，并确认自检合格。

2.分部工程验收前，施工单位通知总监理工程师参加验收内容、时间和地点，并报送报验表及附件。

3.总监理工程师组织专业监理工程师、施工单位项目负责人和技术负责人等对分部工程进行使用功能及观感质量检查验收。结构分部工程应由人防工程质量监督机构进行验收前检查，对人民防空工程质量监督机构提出的问题，总监理工程师须组织施工单位立即进行全面、彻底整改，并将整改情况及时报送工程质量监督机构。通过由总监理工程师组织的主体工程质量验收后，项目监理机构应编写主体质量评估报告，质量评估报告应经总监理工程师签认和人民防空工程监理单位技术负责人审核签章批准后，报建设单位，质量评估报告等相关资料应及时归档。参加由人民防空工程质量监督机构监督，建设单位组织，勘察、设计、施工单位项目负责人等参加的主体工程质量验收。孔口防护防护分部工程的验收应有设计单位项目负责人参加验收。

4. 分部工程验收应主要检验以下内容。

（1）分部工程质量控制资料是否完整。

（2）分部工程所含各分项工程质量是否均已验收合格。

（3）涉及结构安全、有防护要求、使用功能等重要分部工程的检验和抽样检测结果是否符合规定要求。

（4）分部工程所使用材料、构配件、设备是否均已检验验收合格。

（5）结构实体检验结果是否满足质量验收标准的要求。

（6）实测观感质量是否满足质量验收标准的要求。

5. 分部工程各检查项全部检验合格后，总监理工程师应组织验收相关人员在报验资料上签署通过验收审查意见。未检验合格或未全部检验合格的，项目监理机构签发监理通知，要求施工单位在规定的时间内整改完成后重新报验。经返修或加固处理仍不能满足安全及使用和防护要求的分部工程，严禁验收。

6.《分部工程报验表》应符合《建设工程监理规范》（GB/T 50319—2013）附录表 B.0.8 格式，表格一式三份，项目监理机构、建设单位、施工单位各执一份。

7. 主体质量评估报告编制规定。

（1）主体质量评估报告应在主体质量通过人民防空工程质量监督部门主体预验及项目监理机构组织的验收后，由项目监理机构按要求格式编写，一式四份。总监理工程师和监理单位技术负责人审核签字并加盖公章后报建设单位。

（2）主体质量评估报告应包括以下主要内容。

① 工程概况。

② 工程各参建单位。

③ 监理单位质量行为履行情况。

④ 施工单位质量行为履行情况。

⑤ 主体施工阶段结构、防水及孔口防护等三个分部的相关施工质量评估。

⑥ 主体质量隐患、事故及其处理情况。

⑦ 主体质量控制资料审查情况。

⑧ 主体质量评估结论。

8.主体结构验收一般应具备的条件要求：

（1）墙、顶板模板已拆除，防空地下室内建筑垃圾已清理。

（2）防空地下室主体结构必须密闭，无渗漏水现象。

（3）工程内保持干燥。

（4）清理出所有预埋管、件等，如人防门门框、给水排水套管、通风穿墙密闭短管、测压管、过线盒、音响信号按钮等，并做好防腐、防锈处理，涂刷防锈漆前基底均应清除干净。

（5）工程内安装满足检查需要的临时照明设施。

（6）不得进行任何形式的混凝土修补、粉刷，柱、墙体护角施工以及管道设备安装。

（7）现场准备好照明装置、检查工具及图纸、资料、表格。

（六）竣工预验收、竣工验收。

1.工竣工预验收

① 工程竣工预验收是工程完工后、正式竣工验收前要进行的

一项重要工作。

② 对人民防空工程质量监督机构在竣前检查中提出的问题，总监理工程师须组织施工单位立即进行全面、彻底整改，并将整改情况及时报送工程质量监督机构。

③ 施工单位应在完成工程施工内容并自检合格的基础上、向项目监理机构报送工程竣工验收报审表及竣工资料，由项目监理机构组织竣工预验收。项目监理机构在收到竣工预验收报审表及竣工资料后，总监理工程师首先应组织各专业监理工程师对工程实体质量情况及竣工资料进行全面检查，而后由总监理工程师主持，施工单位（施工单位项目负责人、技术负责人和质量负责人等）和项目监理机构参加，也可以邀请建设单位、设计单位参加，有时甚至可以邀请人防质量监督机构参加，共同对单位工程进行竣工预验收。对于在预验收发现的问题，应要求施工单位及时整改，整改合格后，总监理工程师应签认工程竣工预验收报审表。项目监理机构应将竣工预验收的情况书面报告建设单位，由建设单位组织竣工验收。

2. 工程竣工预验收合格后，项目监理机构应由总监理工程师组织专业监理工程师编写工程质量评估报告，工程质量评估报告应经总监理工程师签认和人民防空工程监理单位技术负责人审核签章批准后，报建设单位。工程质量评估报告等相关资料应及时归档。

3. 工程竣工验收质量评估报告编制规定

（1）工程竣工验收质量评估报告应在工程竣工预验收合格及人防质量监督部门竣前检查后，由项目监理机构按要求格式编写，一式四份。总监理工程师和监理单位技术负责人审核签字并加盖公章后报建设单位。

（2）竣工验收质量评估报告应包括以下主要内容。

① 工程概况。

② 工程各参建单位。

③ 监理单位质量行为履行情况，对防护工程的重点监控情况。

④ 施工单位质量行为履行及执行国家和人防有关法律、法规、强制性标准情况。

⑤ 各分部工程质量验收情况。

⑥ 工程质量事故及其处理情况。

⑦ 竣工资料审查情况。

⑧ 工程质量评估结论。

4.项目监理机构应参加建设单位组织的竣工验收，验收中各方对工程质量、使用功能等提出的问题，由项目监理机构整理形成验收纪要，经各方签认后，通知并督促施工单位及时整改完善，整改完善后重新验收。工程质量符合要求后，总监理工程师应签认单位工程竣工验收报审表。

5.项目监理机构对工程竣工预验收、竣工验收应主要检验以下内容。

（1）工程竣工资料是否完整。

（2）工程所含各分部工程质量是否均已验收合格。

（3）是否已按设计要求完成全部施工内容。

（4）工程是否已满足设计及功能要求。

（5）各系统功能性检验、检测是否均已合格。

（6）消防、环保等专业验收是否已通过。

（7）实测观感质量是否满足质量验收标准的要求。

6.工程竣工验收一般应具备的条件。

（1）完成工程设计和工程施工合同约定的各项内容，工程内部环境干净整洁，照明设施完善，有关平战转换预案落实到位，达到竣工标准。

（2）有工程使用的主要建筑材料、建筑构配件和设备的进场试验报告。

（3）有完整的工程技术档案和施工管理资料、监理资料。

（4）有勘察、设计、施工、防护设备生产安装、监理等单位签署的质量合格文件。

（5）要求平时安装的战时设备和管线，应确保安装到位。战时电站除发电机组外均应安装到位。

（6）防空地下室悬挂的标牌，应是样牌（电子版）送所属地区、市人民防空办公室校核备案、核对无误后制作的所有标牌。防空地下室标牌包括标志牌、指示牌、标识牌、辅助标牌，应按设计要求及《青岛市人民防空办公室关于规范人民防空工程悬挂标志牌、指示牌、标识牌的通知》（青防工字【2013】10号）的《青岛市防空地下室人防标牌制作悬挂技术规范》要求在防空地下室竣工验收前悬挂到位。工程概况、内部各战时功能单元、房间布置等基本情况应在各出入口设置挂图明示，战时通风、给水排水、电气的系统、机房、管道、线缆、操作流程等应设置标示、标牌和挂图。按要求悬挂的人防标牌，必须通过当地人民防空部门验收。

（7）防倒塌棚架应施工安装到位。

（8）人民防空主管部门要求整改的问题全部整改完毕。

（9）各参建单位组成验收组。

（10）提前7个工作日向工程所在地人民防空主管部门或其委托的人民防空工程质量监督机构提交《人民防空工程竣工验收通知书》。

7.防空地下室主体或竣工验收时，参加工程验收的人员应为各方项目负责人。各方项目负责人因故不能参加时，各参建单位应授权委托具有相应资格的验收人员参加，验收人员一般应具备工程建设相关专业的中级以上技术职称并具有5年以上从事人防工程建设相关专业的工作经历。《授权委托书》应按青岛市人防工程质量监督部门要求的格式填写，并加盖单位公章后提前报送给防空地下室质量监督人员。

8.工程的观感质量应由验收人员现场检查，并应共同确认。

9.经返修或加固处理仍不能满足安全及使用和防护要求的单位工程，严禁验收。

10.表格填写要求

(1)《单位工程质量竣工验收记录》按《人民防空工程质量验收与评价标准》（RFJ 01—2015）附录 E.0.1—1 表的要求进行检查记录，表格一式四份，项目监理机构、建设单位、施工单位、城建档案馆各执一份。

(2)《单位工程质量控制资料核查记录》按《人民防空工程质量验收与评价标准》（RFJ 01—2015）附录表 E.0.1—2 的要求进行检查记录，表格一式四份，项目监理机构、建设单位、施工单位、城建档案馆各执一份。

(3)《单位工程功能检测记录》按《人民防空工程质量验收与评价标准》（RFJ 01—2015）附录表 E.0.1—3 的要求进行检查记录，表格一式四份，项目监理机构、建设单位、施工单位、城建档案馆各执一份。

(4)《单位工程观感质量检查记录》按《人民防空工程质量验收与评价标准》（RFJ 01—2015）附录表 E.0.1—4 的要求进行检查记录，表格一式四份，项目监理机构、建设单位、施工单位、城建档案馆各执一份。

(5)《单位工程竣工验收报审表》应符合《建设工程监理规范》（GB/T 50319—2013）附录表 B.0.10 格式，表格一式四份，项目监理机构、建设单位、施工单位、城建档案馆各执一份。

(6)《单位工程竣工预验收报验表》应符合《建筑工程资料管理规程》（JGJ/T 185—2009）附录 C 表 C.8.1 格式，表格一式三份，项目监理机构、建设单位、施工单位各执一份。

(七)防空地下室竣工验收的组织及验收程序。

1.竣工验收由建设单位组织。

2.具体程序如下。

（1）建设单位介绍验收组组成人员，并核查相关证件。

（2）施工单位向验收组汇报质量自评情况及竣前检查发现问题的整改情况。

（3）监理单位向验收组汇报质量评估情况。

（4）设计单位汇报质量检查情况。

（5）验收组分为土建组、设备安装组和资料组，分别对现场实体情况和资料情况进行检查。

（6）验收组汇总意见，形成验收结论。

（7）防空地下室质量监督人员提出监督意见。

（8）工程所在地人防主管部门提出意见。

（八）工程施工质量验收合格应符合下列要求

1.符合人民防空工程质量验收与评价标准及相关专业验收规范的规定。

2.符合工程勘察、设计文件的要求。

3.符合建设施工合同约定。

（九）工程资料缺失或检验遗漏时，应委托有资质的检测机构通过现场实体检测或抽样试验的方法确定工程施工质量和性能，并以检测报告作为相应的验收资料，现场检测或抽样试验应符合有关标准规范的要求。

（十）竣工验收通过后及时到工程所在地人防工程建设行政主管部门办理竣工验收备案。

五、质量问题、质量缺陷、质量事故的处理及程序

（一）项目监理机构发现施工存在质量问题的，或施工单位采用不适当的施工工艺，或施工不当，造成工程质量不合格的，应及时签发监理通知单，要求施工单位整改。施工单位在监理通知回复单中，应针对存在的质量问题和不合格内容，制定符合规范、标准要求的整改方案和整改方法，经专业（总）监理工程师审核同意后

实施整改。整改完毕后，项目监理机构根据施工单位报送的监理通知回复单对整改情况进行复查，提出复查意见。

（二）对需返工处理或加固补强的质量缺陷，项目监理机构应签发监理通知单要求施工单位报送经设计等相关单位认可的处理方案，并应按处理方案对质量缺陷的处理过程进行跟踪检查。处理过程中，属隐蔽工程和需旁站的内容，应严格按照隐蔽工程验收和旁站程序进行。质量缺陷处理完成后，项目监理机构应对处理结果进行验收，并在施工单位报送的监理通知回复单上签署审查意见。

（三）工程发生质量事故后，施工单位应立即保护现场，采取有效措施防止事故扩大，并及时向工程所在地人防工程质量监督机构报告。项目监理机构应主动、及时报告有关情况。对危及生命重大事故应启动应急预案。对需返工处理或加固补强的质量事故，项目监理机构应签发监理通知单要求施工单位报送质量事故报告和经设计等相关单位认可的处理方案，并按处理方案对质量事故的处理过程进行跟踪检查。处理过程中，属隐蔽工程和需旁站的内容，应严格按照隐蔽工程验收和旁站程序进行。质量事故处理完成后，项目监理机构应对处理结果进行验收，并在施工单位报送的监理通知回复单上签署审查意见。

（四）质量事故处理完成并经验收合格后，项目监理机构应及时向建设单位和工程监理单位报送质量事故处理报告，并将完整的质量事故处理处理记录资料整理归档。

质量事故处理报告应主要包括以下内容。

1.工程及各参建单位名称。

2.质量事故发生的时间、地点、工程部位。

3.事故发生的简要经过，造成工程损伤状况、伤亡人数和直接经济损失的初步估计。

4.事故发生原因的初步判断。

5.事故发生后采取的措施及处理方案。

6.事故处理的过程及结果。

（五）因施工单位处理工程质量问题、质量缺陷、质量事故而造成的工期延误和造价增加，项目监理机构不予签证。

（六）项目监理机构发现施工存在质量隐患和质量问题应通知施工单位整改。施工单位未及时回复整改或制定的整改方案不符合规范要求、整改不符合规范和设计要求的，应在监理通知回复单中签署审查意见或继续签发监理通知单要求施工单位整改。施工单位仍未按监理通知要求整改，在征得建设单位同意后，总监理工程师可签发工程暂停令，责令施工单位对工程或工程的部分施工部位暂停施工。

（七）施工单位在对监理通知和工程暂停令中提出的质量隐患和质量问题整改完成并自检合格后，向项目监理机构报送工程复工报审表申请复工。项目监理机构收到复工申请后，应对需整改的施工部位进行复查，验收合格后在工程复工报审表中签署复核意见，并由总监理工程师签认，报建设单位审批。经建设单位审批同意后，总监理工程师应签发工程复工令，同意施工单位继续施工。

（八）涉及结构安全的质量缺陷或事故，施工或建设单位必须委托具有资质的工程鉴定单位进行结构鉴定，原设计单位应根据鉴定结果，提出处理意见。施工单位应根据处理意见，编制施工方案，经建设、工程监理单位审批后组织施工，并确保施工过程安全。

（九）质量缺陷或事故处理结束后，建设单位应组织施工、监理、设计等单位进行专项验收。相关验收资料应在项目监理机构留存备查。

（十）表格填写要求。

1.《监理通知单》应符合《建设工程监理规范》（GB/T 50319—2013）附录表 A.0.3 格式，表格一式三份，项目监理机构、建设单位、施工单位各执一份。

2.《监理通知回复单》应符合《建设工程监理规范》（GB/T

50319—2013）附录表 B.0.9 格式，表格一式三份，项目监理机构、建设单位、施工单位各执一份。

3.《工程暂停令》应符合《建设工程监理规范》（GB/T 50319—2013）附录表 A.0.5 格式，表格一式三份，项目监理机构、建设单位、施工单位各执一份。

4.《工程复工报审表》应符合《建设工程监理规范》（GB/T 50319—2013）附录表 B.0.3 格式，表格一式三份，项目监理机构、建设单位、施工单位各执一份。

5.《工程复工令》应符合《建设工程监理规范》（GB/T 50319—2013）附录表 A.0.7 格式，表格一式三份，项目监理机构、建设单位、施工单位各执一份。

第四节
防空地下室造价控制

一、造价控制的依据

（一）施工图设计文件及工程变更。

（二）市场价格信息。

（三）相关定额、取费标准、结算汇编等。

（四）建设工程施工合同、协议及其变更。

（五）招标文件。

（六）施工单位的中标合同价预算。

（七）国家、省、市有关工程造价的法规和规定文件。

（八）检验批、分项工程报审、报验表及分部工程报验表。

二、造价控制的原则

（一）项目监理机构应严格执行施工合同文件约定的价格确认、

工程款支付和工程结算的内容、方法和程序。

（二）对报验资料不全、与合同文件约定不符，未经监理工程师质量验收合格或违约的工程量，应不予计量和审核。

（三）处理由于工程变更和违约索赔引起的费用增减，应以施工合同为基础，坚持公正、合理。

（四）对有争议的工程量计量和工程款支付，应采取协商的方法确定，在协商无效时，由总监理工程师做出决定，并可执行合同争议调解的基本程序。

（五）对工程量及工程款的审核，应在工程施工合同所约定的时限内进行。

三、造价控制的方法

（一）项目监理机构可采取断面法、图纸法、分项计量法等进行工程计量。

（二）应要求施工单位依据施工图纸、概（预）算施工合同的工程量建立工程量台账。

（三）应要求施工单位于施工进度计划批准后 5 天内，依据工程施工合同将合同内价款进行切块，编制与进度计划相对应的工程项目各阶段及各年、季、月度的资金使用计划。

（四）应审核施工单位编制的工程项目各阶段及各年、季、月度的资金使用计划，控制其执行并与工程进度计划、材料设备购置计划相一致，还应与建设单位、施工单位协商确定相应工程款支付计划。

（五）总监理工程师应组织各专业监理工程师从工程造价、项目的功能要求、质量和工期等方面审查工程变更的方案，并宜在工程变更前与建设单位、施工单位协商确定工程变更的价款和计算价款的原则与方法。

（六）应对施工合同价款中政策允许调整的材料、构配件、设备等价格主动搜集依据、订货合同或建设单位与施工单位共同签署的价格确认单等进行控制。

（七）依据施工合同有关条款、施工图纸对工程进行风险分析，找出工程造价最易突破的部分、最易发生费用索赔的因素，并制定防范措施。

（八）项目监理机构应建立月完成工程量统计表，对实际完成量与计划完成量进行比较分析，发现偏差的，应提出调整建议，并应在监理月报中向建设单位报告。

（九）应严格执行工程计量和工程款支付的程序和时限要求。

（十）项目监理机构可通过工作联系单与建设单位、施工单位沟通信息，提出工程造价控制的建议。

四、工程计量

（一）工程计量的范围应为工程量清单内且符合施工合同规定的各项费用支付项目。

（二）工程计量应合法、真实、准确、及时，所计量的内容需满足下列条件。

1.属于设计文件、施工图预算及工程量清单中的工程细目和施工合同文件中规定的项目或工程变更项目。

2.达到合同规定质量要求。

3.无安全、环保问题和隐患。

4.验收手续齐全。

5.对某些特定的分项、分部工程的计量办法可由项目监理机构、建设单位和施工单位共同协商约定。

6.对一些不可预见的工程量，如地基基础处理、地下不明障碍物处理等，监理工程师应会同施工单位如实进行计量。

（三）项目监理机构应按下列程序进行工程计量。

1.施工单位按合同约定日期，向项目监理机构申报合格工程的工程量申请，并附相关依据。

2.专业监理工程师审核施工单位当月实际完成的合格工程量，对工程量有异议的，应与施工单位进行共同复核或抽样复测，并要求施工单位提供补充计量资料。协商不成，总监理工程师有权决定，并可执行合同争议调解的基本程序。

3.专业监理工程师对符合计量条件的工程予以签认。

4.对报验资料不全、与合同文件及设计文件的约定不符、未经验收或验收不合格、因施工单位的原因造成返工的工程量，不予计量。

（四）监理工程师审批的工程量是批复月工程进度款的依据。

五、工程经济签证

（一）对属于施工合同约定以外的事件所引起的费用或工期变化，施工单位在规定时间内提出签证要求的，项目监理机构应客观公正、实事求是地予以签证。

（二）工程经济签证适用下列范围。

1.施工单位根据建设单位的安排，从事合同范围之外的临时性工作、零星工作或增加的工程项目。

2.因设计变更造成现场实际工程量的变化。

3.建设单位修改人民防空工程设计时，施工单位已按原设计完成的部分或全部工作。

4.其他应予以签证的情况。

（三）工程经济签证应包括下列内容。

1.签证原因。

2.签证事实发生日期或完成日期。

3.签证提交日期。

4.签证位置、尺寸、数量、材料等（签证数量应有逻辑关系清晰的计算式）。

5.执行签证事实的依据，如为书面文件，应附后。

6.签证事实及完成情况简述。

7. 附图、附照片。

8. 项目监理机构和建设单位审核意见。

9. 施工单位经办人、项目经理签名并加盖项目经理部公章。

（四）工程经济签证办理程序。

1. 工程经济签证发生之前，施工单位及时向建设单位和项目监理机构提出签证要求并提供相关资料。

2. 签证事项发生时，项目监理机构会同建设单位、施工单位相关人员共同现场计量、确认，形成各方签字认可的原始凭证。

3. 施工单位在合同约定的时效内填写工程经济签证单，并向项目监理机构报签证文件，包括签证原因、内容、工程量等，应附图和原始凭证，必要时附现场照片。

4. 专业监理工程师应重点审查签证事项描述、附图（表）、工程量等内容，审核无误并经人民防空工程总监理工程师签署意见后，报建设单位审批。

（五）各专业监理工程师应按专业分工办理现场签证。属专业交叉的签证，应由相关专业监理工程师会签。

六、工程款支付

（一）项目监理机构应按施工合同约定的工程款支付方式，考虑工程变更、经济签证、费用索赔等造成的工程款调整，并扣减应扣除款项后，确认实际支付的工程款。

（二）项目监理机构应按下列程序进行工程款支付。

1. 施工单位根据专业监理工程师签认的工程量，提出工程款支付申请。

2. 专业监理工程师对施工单位在工程款支付报审表中提交的支付金额进行复核，提出到期应支付给施工单位的金额，并提出相应的支持性材料。对施工单位提交的进度付款申请应审查以下内容。

（1）截至本次付款周期末已实施工程的合同价款。

（2）增加和扣减的变更金额。

（3）增加和扣减的索赔金额。

（4）支付的预付款和扣减的返还预付款。

（5）扣减的质量保证金。

（6）根据合同应增加和扣减的其他金额。

项目监理机构应从第一个付款周期开始，在施工单位的进度付款中，按专业合同条款的约定扣留质量保证金，直至扣留的质量保证金总额达到专业合同条款约定的金额或比例为止。留质量保证金的计算额度不包括预付款的支付、扣回以及价格调整的金额。

3.总监理工程师对专业监理工程师的审查意见进行审查，签认后报建设单位审批。

4.总监理工程师根据建设单位的审批意见，向施工单位签发工程款支付证书。

（三）在工程承包合同计价范围内，对有争议的工程款支付，应采取协商的方法确定。协商无效时，由总监理工程师作出决定，但事先应征得建设单位的同意。

七、竣工结算审核

（一）工程竣工并经各方验收合格后，项目监理机构应督促施工单位按施工合同约定提交竣工结算申请和相关资料。

（二）项目监理机构应按下列程序进行竣工结算款审核。

1.专业监理工程师审查施工单位提交的竣工结算款支付申请，提出审查意见。

2.总监理工程师对专业监理工程师的审查意见进行审核，签认后报建设单位审批，并抄送施工单位，并就工程竣工结算事宜与建设单位、施工单位协商。达成一致意见的，根据建设单位审批意见向施工单位签发竣工结算款支付证书；不能达成一致意见的，应按施工合同约定处理。

八、表格填写要求

（一）《工程款支付报审表》应符合《建设工程监理规范》（GB/T 50319—2013）附录表 B.0.11 格式，表格一式三份，项目监理机构、建设单位、施工单位各执一份；工程竣工结算报审时本表格一式四份，项目监理机构、建设单位各执一份、施工单位执二份。

（二）《工程款支付证书》应符合《建设工程监理规范》（GB/T 50319—2013）附录表 A.0.8 格式，表格一式三份，项目监理机构、建设单位、施工单位各执一份。

第五节
防空地下室进度控制

一、进度控制的原则

（一）进度控制应遵循确保合同中规定工程质量标准、安全生产并兼顾工程造价的原则，采用动态控制的方法，对工程进度进行主动控制。

（二）项目监理机构应依据施工合同约定的工期目标和经过批准的工程延期确定控制目标。

二、进度控制的基本程序

（一）施工单位应根据施工合同工期目标编制施工总进度计划，并填写《施工进度计划报审表》，报项目监理机构。

（二）项目监理机构审查总进度计划，具体由进度控制监理工程师进行主审，提出审查意见并签字，再由总监理工程师签认审批结论。有重要的修改意见应要求施工单位修改后重新申报，总进度计划经审查合格后由总监理工程师签署同意，当所报计划与施工承包合同规定的工期目标不符时，应要求施工单位重新编制、重新申报，并均应限定再报日期。

（三）施工单位应根据审批后的总进度计划、编制年、季、月度进度计划，并填写《施工进度计划报审表》报项目监理机构。监理工程师应对进度计划的报审日期提出明确要求。

（四）项目监理机构对进度计划的审查时限应严格遵守施工合同中的有关约定。当无约定时，对总进度计划的审查时限宜在 7 日内，对年度进度计划的审查时限宜在 5 日内，对季度、月进度计划的审核时限宜在 3 日内。

（五）施工单位将根据审批后的年、季、月进度计划组织实施。

（六）项目监理机构进度控制监理工程师在工程计划实施过程中，应深入现场了解工程进度计划中各分部（或分项）工程施工的实际进度情况，收集有关数据进行对比分析。

（七）发现实际进度严重偏离计划目标时，由总监理工程师签发《监理通知单》，要求施工单位及时分析原因，采取调整措施，力争实现总计划进度。项目监理机构应监督施工单位落实应采取的措施，对进度计划进行跟踪控制，并将情况报告建设单位，向建设单位提出合理预防由建设单位原因导致的工程延期及其相关费用索赔的建议。

（八）月末，项目监理机构应检查实际完成进度计划的情况，督促承包单位编制下个月的进度计划，对已产生的进度拖后要督促施工单位对关键工序加强管理、（必要时）增加投入并检查其有效性，以此循环往复使之实现总进度计划目标。

三、进度控制的内容

（一）项目监理机构应编制节点控制进度计划，有条件时宜予以深化，并对进度目标进行风险分析，制定防范性对策。

（二）项目监理机构应审查施工单位报审的施工总进度计划和阶段性施工进度计划，提出审查意见，经总监理工程师审核后报建设单位。施工进度计划审查应包括下列基本内容。

1.施工进度计划应符合施工合同中工期的约定。

2.施工进度计划中主要工程项目无遗漏，阶段性施工进度计划应满足总进度控制目标的要求。

3.施工顺序的安排应符合施工工艺要求。

4.施工人员、工程材料、施工机械等资源供应计划应满足施工进度计划的需要。

5.施工进度计划应符合建设单位提供的资金、施工图纸、施工场地、物资等施工条件。

（三）项目监理机构应定期检查施工现场的人员、材料、机械使用情况并跟踪监督检查施工进度计划的实施情况，并做好相应记录。

（四）按周检查实际进度，并将与周计划进度比较的结果进行分析、评价，发现偏离时应签发监理通知单，要求施工单位及时采取调整措施加快施工进度。总监理工程师应向建设单位报告工期延误风险。

（五）发现实际进度严重滞后于计划进度且影响合同工期时，总监理工程师应组织监理工程师进行原因分析，召开各方协调会议，研究应采取的措施，并应指令施工单位采取相应的调整措施保证进度目标的实现。

（六）项目监理机构应比较分析工程施工实际进度与计划进度，预测实际进度对工程总工期的影响，并应在监理月报中向建设单位报告工程实际进展及采取的控制措施的执行情况，提出合理预防由建设单位原因导致的工程延期及其相关费用索赔的建议。

（七）必须延长工期时，应要求施工单位填报《工程临时/最终延期报审表》，报项目监理机构。

（八）总监理工程师依据建设工程施工合同约定，与建设单位共同签署《工程临时/最终延期报审表》，要求施工单位据此重新调整工程进度计划。

四、进度控制的方法

（一）了解工程实际进展情况（现场调查和采集数据）。

（二）对采集的数据进行分析处理。

（三）进行实际值与计划值的比较。

（四）确定是否产生工程进度偏差。

（五）分析产生偏差的原因及对后续工程活动的影响。

（六）发出相应的监理通知或召集有关各方会议研究应采取的措施。

（七）督促施工单位编制经调整后新的工程进度计划，并对相关计划做相应调整。

（八）检查对其他有关计划的调整，而后进入新的计划。

五、加快工程进度的措施

（一）组织措施：增加劳动力、调入技术较高的操作人员，增加班次等。

（二）经济措施：提高劳动酬金、奖金等。

（三）技术措施：改进工艺或操作流程，缩短操作间隙时间，实现交叉作业等。

（四）其他措施：改善外部配合条件，改善劳动条件，加强调度、管理力度等。

六、表格填写要求

（一）《施工进度计划报审表》应符合《建设工程监理规范》（GB/T 50319—2013）附录表 B.0.12 格式，表格一式三份，项目监理机构、建设单位、施工单位各执一份。

（二）《工程临时/最终延期报审表》应符合《建设工程监理规范》（GB/T 50319—2013）附录表 B.0.14 格式，表格一式三份，项目监理机构、建设单位、施工单位各执一份。

第六节
防空地下室安全生产管理的监理工作

一、安全生产管理的监理工作要求

工程监理单位和监理人员应按照法律、法规、工程建设强制性标准及建设工程监理合同实施监理，履行建设工程安全生产管理的法定职责，并对建设工程安全生产承担监理责任。

项目监理机构在实施工程安全生产管理监理工作过程中，应做好以下四个方面的工作。

（一）制定监理规划和实施细则。编制包括安全生产管理监理内容的项目监理规划，明确安全监理的范围、内容、工作程序和制度措施，以及人员配备计划和职责等。对危险性较大的分部分项工程，要编制监理实施细则。

（二）施工准备阶段要做到审查、审核全面。

1. 审查施工单位编制的施工组织设计中安全技术措施和危险性较大的分部分项工程安全专项施工方案是否符合工程建设强制性标准要求。审查的主要内容如下。

（1）施工单位编制的地下管线保护措施方案是否符合强制性标准要求。

（2）模板、起重吊装、脚手架等分部分项工程的专项施工方案是否符合强制性标准要求。

（3）施工现场临时用电、施工组织设计或者安全用电技术措施和电气防火措施是否符合强制性标准要求。

（4）冬季、雨季等季节性施工方案的制定是否符合强制性标准要求。

（5）施工总平面布置图是否符合安全生产的要求，办公、宿舍、食堂、道路等临时设施设置以及排水、防火措施是否符合强制性标准要求。

2.审查施工单位资质和安全生产许可证是否合法有效。

3.审查项目经理和专职安全管理人员是否具备合法资格，是否与投标文件相一致。

4.审核施工单位的特种作业人员的特种作业操作资格证书是否合法有效。

5.审核施工单位的应急救援预案和防护措施费用使用计划。

（三）施工准备阶段和施工阶段要检查、督促到位。

1.检查施工单位在工程项目上的安全生产规章制度和安全监管机构的建立、健全及专职安全生产管理人员配备情况，督促施工单位检查各分包单位的安全生产规章制度的建立情况。

2.定期巡视检查施工过程中的危险性较大工程的作业情况。

3.核查施工现场施工起重机械和安全设施的验收手续，并由安全监理人员签收备案。

4.检查施工现场各种安全标志和安全防护措施是否符合强制性标准要求，并检查安全生产费用的使用情况。

5.监督施工单位按照施工组织设计中的安全技术措施和专项施工方案组织施工，及时制止违规施工工作。

6.督促施工单位进行安全自查工作，并对施工单位自查情况进行抽查，参加建设单位组织的安全生产专项检查。

（四）正确行使停工令并及时报告。

1.项目监理机构对施工现场安全生产情况进行巡视检查时，发现工程存在安全事故隐患，应签发监理通知单，要求施工单位整改。情况严重时，应签发工程暂停令，并应及时报告建设单位。

2.施工单位拒不整改或不停工整改的，项目监理机构应及时向工程所在地有关主管部门报告。在情况紧急下，项目监理机构可先通过电话、传真或电子邮件方式向政府主管部门报告，事后应以书面形式监理报告送达主管部门，同时抄报建设单位和工程监理单位。

3.监理报告应附相应《监理通知单》或《工程暂停令》等证明监理人员所履行安全生产管理法定职责的相关文件资料和证明暂停原因的文件资料。

《监理报告》应符合《建设工程监理规范》（GB/T 50319—2013）附录表 A.0.4 格式，表格一式四份，主管部门、建设单位、工程监理单位、施工单位项目监理机构各执一份。

二、项目监理机构的安全岗位职责

总监理工程师是整个项目监理机构落实监理安全责任的第一责任人，应主持项目监理机构安全生产管理的监理工作。项目监理机构宜配备专职或兼职监理安全管理人员，因安全工作的专业性强、涉及面广，各专业监理工程师都必须承担落实与本专业相关的安全生产管理的监理责任。监理员应协助专业监理工程师的工作。

（一）总监理工程师应履行下列安全生产管理的监理职责。

1.对项目监理机构的安全生产管理的监理工作全面负责。

2.确定项目监理机构监理安全管理人员及其岗位职责。

3.审批安全生产管理的监理实施细则。

4.检查监理人员安全生产管理的监理工作。

5.组织召开安全生产管理的监理专题会。

6.组织审查施工单位安全生产管理的组织机构以及现场安全规章制度的建立及专职安全生产管理人员配备情况。

7.组织审查施工单位包括分包单位的安全生产许可资格。

8.组织审批施工单位编写的施工组织设计、（专项）施工方案，组织审批施工单位提出的安全技术措施及工程施工安全生产应急预案。

9.组织核查建筑起重机械和自升式架设设施的安全许可验收手续。

10.处理及报告重大安全隐患，签发工程暂停令和复工令，必要时向有关主管部门报告。

11.组织质量安全形势评价，及时制定有关安全生产管理的监理措施。

12.定期进行阶段性质量安全形势分析，确定动态监控重点。

13.参与或配合安全事故调查和处理。

（二）监理安全管理人员应履行下列安全生产管理的监理职责。

1.与建设单位、施工单位的安全管理人员对接，负责日常安全生产管理的监理工作。

2.主持编写安全生产管理的实施细则。

3.审查施工单位安全生产管理的组织机构以及现场安全规章制度的建立及专职安全生产管理人员配备情况。

4.审查施工单位包括分包单位的营业执照、资质证书、安全生产许可证，以及施工单位项目经理、专职安全生产管理人员和特种作业人员的资格。

5.参与审查施工单位编写的施工组织设计和专项施工方案，以及安全技术措施和工程施工安全生产应急预案。

6.核查施工机械和设施拆卸、安装和安全许可验收手续，审查《施工现场起重机械拆装报审表》和《施工现场起重机械验收核查表》，并检查维护保养记录。

7.对施工现场进行安全巡视检查，发现问题要督促施工单位整改，重大问题应及时向总监理工程师报告，按时填写安全日志。

8.参加安全生产专题会议。

9.参加建设单位组织的安全专项检查。

10.协助总监理工程师处理和调查安全事故。

（三）专业监理工程师应履行下列安全生产管理的监理职责。

1.参与编写安全生产管理的实施细则。

2.审查施工组织设计中相关专业的安全技术措施、危险性较大工程的专项施工方案和应急预案。

3.负责本专业专项施工方案实施情况的定期巡视检查，发现事故隐患及时要求整改，情况严重的应及时报告总监理工程师签发工程暂停令。

4.参加安全生产专题会议。

5.参与建设单位组织的与本专业有关的施工安全检查活动。

6.协助总监理工程师处理和调查安全事故。

（四）监理员应履行下列安全生产管理的监理职责：

1.协助现场监理安全管理人员（或专业监理工程师）审查施工安全方案，对技术方案本身的安全可靠性进行预审，并审查方案中涉及安全技术方面的内容。

2.在现场的巡视、检查、验收过程中，应有效运用所掌握的安全技术知识，注重核查是否存在安全隐患，当发现存在安全隐患时，应进行记录，并及时通报现场监理安全管理人员（或专业监理工程师）处理。

三、安全生产管理的监理实施细则

（一）工程开工前，监理安全管理人员应依据监理规划的要求主持编制安全生产管理的监理实施细则，报总监理工程师审批。监理实施细则应明确监理方法、措施和工作要点，以及对施工单位安全技术措施的检查方案。监理实施细则应包括以下内容。

1.工程概况、范围、依据、目标。

2.项目监理机构的安全管理体系、各级岗位职责。

3.监理人员安全守则、监理工作程序及要求。

4.施工各阶段监理主要工作。

5.工作制度。

6.重大危险源的安全巡视方案。

7.其他有关内容。

（二）在监理工作实施过程中，应根据实际情况对实施细则进行补充、修改，经总监理工程师批准后实施。

四、安全生产管理的监理工作内容

（一）工程开工前，项目监理机构应参与由施工单位会同建设单位对周边环境进行安全评估，制定有针对性的防范措施，填写评估报告，并督促建设单位、施工单位到工程所在地建设行政主管部门办理建筑施工安全报监手续。

（二）项目监理机构应督促施工单位建立健全各级、各部门、各岗位的安全生产目标责任制，并上墙宣示。安全目标责任应分解到人，执行安全管理"从零工作法"。负责安全的专业监理工程师应检查施工现场各种安全标志和安全防护措施是否符合强制性标准要求，安全生产费用的使用情况，并检查施工单位在施工现场配备有关安全生产标准规范、制定各工种安全技术操作规程的情况。

（三）审查施工单位安全生产许可证。施工单位应持有建设主管部门颁发的、在有效期内的安全生产许可证。

（四）审查施工单位现场安全规章制度，具体应包含如下内容。

1.安全生产责任制度。

2.安全生产许可制度。

3.安全技术措施计划管理制度。

4.安全施工技术交底制度。

5.安全生产检查制度。

6. 特种作业人员持证上岗制度。

7. 安全生产教育培训制度。

8. 机械设备（包括租赁设备）管理制度。

9. 专项施工方案专家论证制度。

10. 消防安全管理制度。

11. 应急救援预案管理制度。

12. 生产安全事故报告和调查处理制度。

13. 安全生产费用管理制度。

14. 建设项目工伤保险制度等。

（五）审查施工单位安全体系和管理人员资格。项目监理机构应审查施工单位的安全生产管理体系，应组织健全、职责明确。施工单位的项目经理、专职安全员持有的建设主管部门颁发的安全生产考核合格证书应在有效期内，安全员配备数量应符合要求，满足本项目建设需要。

（六）审查施工单位拟进场施工的特种作业人员的证书。施工单位拟进场施工的特种作业人员应持有特种作业人员上岗证。工程开工前施工单位应将特种作业人员的证书复印件加盖存放单位公章后报项目监理机构进行审查，由监理安全管理员核对持证人员证件。特种作业人员证书应为建设、安全、技术监督等管理部门颁发，证书应在有效期内。人防监理人员在日常巡视中应抽查特种作业人员持证情况。

（七）审查施工单位的施工组织设计（安全篇）和安全专项施工方案。

1. 项目监理机构应审查施工单位编制的施工组织设计中的安全技术措施和危险性较大的分部分项工程的施工安全专项方案的技术措施是否符合工程建设强制性标准要求。

2. 模板工程、起重吊装工程、脚手架工程、临时用电工程及其他危险性较大的工程，工程开工以前，施工单位必须编制专项施工方案，并附必要的计算书，经审批后，由施工项目部专职安全生产管理人员和负责安全的专业监理工程师共同监督实施，不符合方案要求的及时督促整改。

3.施工组织设计（安全篇）的审查内容。项目监理机构对施工单位报送的施工组织设计（安全篇），应审查其中的安全生产应急预案，重点审查应急组织体系、相关人员职责、预警预防制度、应急救援措施。

（1）审查是否符合工程建设强制性标准。

（2）应有明确的重大危险源清单，建立有管理层次的项目安全管理组织机构并明确责任。

（3）根据项目特点，进行安全方面的资源配置。

（4）建立有针对性的安全生产管理制度和职工安全教育培训制度。

（5）针对项目重大危险源，制定相应的安全技术措施；对危险性较大的分部分项工程和特殊工种的作业，应有专项安全技术措施的编制计划。

（6）根据季节、气候的变化，编制相应的季节性安全施工措施。

（7）建立现场安全检查制度，并对安全事故的处理作出相应的规定。

4.安全专项施工方案的审查程序及内容。安全专项施工方案，经施工单位技术负责人审批后，施工单位填写报审表报项目监理机构审批，由总监理工程师签认并加盖执业印章后报建设单位。对超过一定规模的危险性较大分部分项工程专项方案，需要建设单位代表审批。专项方案应审查以下基本内容。

（1）对编审程序的符合性进行审查。监理人员应审查专项方案的编制和审批程序是否符合相关规定，编制单位的编制、审核、审批人员是否具备相应资格，签字盖章是否齐全。

（2）对方案的针对性进行审查。方案应针对工程特点以及所处环境等实际情况编制，编制内容应详细具体，切合工程实际情况，明确操作要求。

（3）对方案的实质性内容进行审查。审查方案中安全技术措施是否符合工程建设强制性标准，主要包括工程概况、周边环境、理论计算（包括简图、详图）、施工工序、施工工艺、安全措施、劳动力组织以及使用的设备、器具与材料等内容。

（4）超过一定规模的危险性较大的分部分项工程施工方案，应检查施工单位组织专家论证、审查情况，以及是否附具安全验算结果，项目监理机构应要求施工单位按已批准的专项施工方案组织施工。

（5）采用新技术、新工艺、新材料、新设备及尚无相关技术标准的危险性较大的分部分项工程，专家组必须提出书面论证审查报告，论证审查报告应作为安全专项施工方案的附件。施工单位项目技术负责人应根据论证审查报告对专项施工方案进行完善，并经施工单位技术负责人审批、总监理工程师签字确认后，按照方案组织实施。论证审查报告应在项目监理机构留存备查。

5.项目监理机构应建立检查、验收制度，对重点环节和重点内容进行重点监控，严禁随意变动经过审查的专项施工方案。

（八）施工作业前，监理安全管理人员应监督施工单位项目技术负责人将分部分项工程有关安全施工的技术要求向施工班组、作业人员进行安全技术交底。

（九）项目监理机构应每天巡视检查施工过程中的危险性较大工程作业情况，督促发现问题的整改落实。项目监理机构应对施工现场进行安全巡视，发现的事故隐患，应书面通知施工单位进行整改。有关书面通知及回复应在项目监理机构留存备查。

（十）项目监理机构应督促施工单位进行安全教育培训，并检查安全培训记录。新进场的工人或施工作业人员进入新的岗位，应接受安全生产教育培训，培训考核不合格的，不得上岗。

（十一）项目监理机构应核验特种作业人员持证上岗及年检情况，并将证书原件存放现场备查。

（十二）项目监理机构应督促施工单位建立安全事故应急救援预案，备足应急物资、器材和车辆，保证通信畅通，并定期组织演练。发生事故时，项目监理机构必须按规定及时上报，督促施工单位启动应急救援预案，采取有效措施防止事故扩大，保护事故现场，及时抢救受伤人员，主动配合主管部门调查处理，严禁隐瞒不报或拖延报告。

五、安全生产管理的监理工作要点

（一）脚手架工程。

1.脚手架搭设前，专业监理工程师应审查脚手架的搭设方案，超过一定规模的应组织专家论证，审查内容包括搭设要求、基础处理、杆件间距、剪刀撑和连墙件设置等内容，并附设计计算书、施工详图及大样图。

2.钢管、扣件进场时，施工单位必须提供合格证明资料，项目监理机构应进行验收，证明资料及验收记录应留存项目监理机构备查，未经验收或验收不合格钢管、扣件严禁进入施工现场使用。

（1）钢管、扣件进入施工现场卸料前，施工单位、劳务分包单位、工程监理单位等应对产权单位的《钢管扣件安全资信等级证书》、钢管扣件技术管理档案和租赁合同等进行核查，并在施工现场留存相关资料。

（2）钢管、扣件进入施工现场使用前，施工单位应会同劳务分包单位、产权单位等，在工程监理单位的现场见证下，按规定对现场钢管扣件进行抽样，填写抽样单并封存样品，委托具有相应资质的检测机构进行复试。复试合格后，本批次钢管扣件方可在现场使用。

（3）钢管、扣件进入施工现场使用前，施工单位项目经理、项目技术负责人、安全管理人员和劳务分包单位项目负责人、总监理工程师、产权单位负责人等应按规定对钢管扣件进行联合验收，并在验收单上签字确认。

3. 项目监理机构应审查脚手架搭设、拆除单位相应的资质和安全生产许可证，严禁无资质人员从事脚手架搭设、拆除作业。

4. 项目监理机构应严格审查脚手架搭设、拆除人员的建筑施工特种作业人员操作资格证书，严禁无证上岗。

5. 项目监理机构应要求施工单位在脚手架搭设、拆除前，向现场管理人员和作业人员进行安全技术交底。

6. 脚手架搭设、拆除时，监督施工单位严格按专项施工方案组织实施，发现不按专项施工方案施工的，应当要求立即整改。

7. 对照脚手架专项施工方案检查脚手架基础夯实平整、木垫板、钢底座、纵横向扫地杆、剪刀撑和连墙件设置是否符合要求。

8. 严禁使用木、竹脚手架或钢木、钢竹脚手架，严禁在脚手架上超载堆放材料，严禁将脚手架、缆风绳、泵送混凝土和砂浆的输送管等固定在架体上，架体高度超过 10 米时严禁使用单排脚手架。

9. 脚手架应由总监理工程师、施工单位项目经理、工程技术人员、安全管理人员及搭设人员进行联合验收并签字确认，验收合格方可投入使用，验收资料应在项目监理机构留存备查。

10. 脚手架在下列阶段必须组织检查验收。

（1）脚手架基础完工后、架体搭设前。

（2）每搭设完 6～8 米高度后。

（3）作业层上施加荷载前。

（4）达到设计高度后。

（5）遇有六级风以上、雨雪天气后、结冻地区解冻后。

（6）停用超过 28 天及以上。

11. 脚手架拆除必须由上而下逐层拆除，严禁上下同时作业。

连墙件应当随脚手架逐层拆除，严禁先将连墙件整层或数层拆除后再拆脚手架。

（二）模板支架工程。

1.项目监理机构应审批模板支架工程专项施工方案，超过一定规模的应组织专家论证。

2.模板支架材料进场前，施工单位必须提供合格证明资料，项目监理机构应进行验收，证明资料及验收记录应留存项目监理机构备查，未经验收或验收不合格的严禁进入施工现场使用。

3.项目监理机构应审查模板支架搭设、拆除单位相应的资质和安全生产许可证，严禁无资质人员从事模板支架搭设、拆除作业。

4.项目监理机构应严格审查模板支架搭设、拆除人员的建筑施工特种作业人员操作资格证书，严禁无证上岗。

5.项目监理机构应要求施工单位在模板支架搭设、拆除前，向现场管理人员和作业人员进行安全技术交底。

6.模板支架搭设、拆除时，监督施工单位严格按专项施工方案组织实施，发现不按专项施工方案施工的，应当要求立即整改。

7.模板支架搭设场地必须平整坚实，纵横向水平杆、扫地杆和剪刀撑设置是否符合专项施工方案要求。

8.严禁立杆顶部自由端高度、顶托螺杆伸出长度超出专项施工方案要求。

9.模板支架应由总监理工程师、施工单位项目经理、工程技术人员、安全管理人员及搭设人员进行联合验收并签字确认，验收合格的方可铺设模板，验收资料应在项目监理机构留存备查。

10.浇筑混凝土时，必须按照专项施工方案规定的顺序进行，旁站监理人员及施工技术人员等应当对模板支架进行监测，发现架体存在坍塌风险时，应当立即组织作业人员停止施工、撤离现场。

11.模板支架拆除时混凝土必须达到规范要求，经施工单位现场技术负责人和总监理工程师批准后方可实施。模板支架拆除应从上而下逐层拆除，拆除时必须划定警戒区域，设置监护人。

12.模板存放高度不得超过 1.8 米，大模板存放应提供防倾覆方案，并根据方案采取有效措施。

（三）施工现场临时用电。

1.项目监理机构应审批施工现场临时用电专项施工方案，并监督施工单位按方案实施。

2.专业监理工程师对施工现场临时用电检查内容包括：施工临时用电必须采用 TN-S 系统，符合"三级配电二级保护"，达到"一机、一闸、一漏、一箱"的要求。电箱设置、线路敷设、接零保护、接地装置、电气连接、漏电保护等各种配电装置应符合规范要求。配电箱、电缆、漏电保护器等电气产品必须使用登记备案产品。

3.项目监理机构应督促施工单位按照规范要求进行外电线路防护，防护措施应同时满足供电部门要求。

4.项目监理机构应督促施工单位配备必要的电气测试仪器，漏电保护器测试每周不少于 1 次，各类电气的绝缘、接地电阻测试每季度不少于 1 次，雨雪天气后必须进行测试，并做好检查维修记录。

（四）起重机械安装拆卸。

1.项目监理机构应审批起重机械安装拆卸专项施工方案，超过一定规模的应组织专家论证。

2.项目监理机构应督促建筑起重机械产权、安装、使用单位在起重机械出租、安装、使用、拆卸等环节严格履行起重机械网上申报程序，并严格审查安装拆卸、使用单位提交的安装、使用和拆卸告知书。起重机械进入施工现场安装前，项目监理机构应审查设备产权单位办理的建筑起重机械登记注册手续、登记注册铭牌和证书。

3.项目监理机构应审查安装拆卸单位起重设备安装工程专业承包资质、安全生产许可证，严禁无资质、超范围从事起重机械安装拆卸。相关资料应在项目监理机构留存复印件并加盖专业施工单位公章备查。

4.项目监理机构应严格审查起重机械安装拆卸人员、起重机械司机、信号司索工的建筑施工特种作业人员配备数量及操作资格证书，严禁无证上岗。

5.起重机械设备拆装作业前，项目监理机构必须监督安装拆卸单位技术负责人对相关作业人员进行全面安全技术交底；拆装过程中应划分出警戒区域，安装拆卸单位技术负责人、施工单位项目负责人、安全管理人员、总监理工程师必须进行旁站。

6.起重机械安装完毕后，安装单位应出具自检合格证明。起重机械设备使用前，施工单位应委托经国务院特种设备安全监督管理部门核准并取得相应资质的检验检测机构进行检验。检验检测机构出具正规的检验合格报告后，施工单位应组织安装、产权、工程监理单位等进行联合检查验收，验收合格后方可投入使用。自联合验收合格之日起一个月内，项目监理机构应督促施工单位持检验检测机构出具的检验合格报告等有关材料到工程所在地建设行政主管部门办理建筑起重机械使用登记手续。

7.现场安装拆卸及联合验收应留存资料并按规定由相关人员签字存档。

8.遇大风、大雾、大雨、大雪等恶劣天气，项目监理机构应严禁起重机械安装拆卸单位作业。

（五）起重机械使用。

1.审查施工单位机械设备管理制度，检查施工单位专职设备管理人员配备。

2.项目监理机构应要求施工单位在机械设备活动范围内设置明显的安全警示标志。

3.项目监理机构应严格审查起重机械司机、信号司索工的建筑施工特种作业人员操作资格证书，严禁无证上岗。

4.项目监理机构应在起重机械使用前，检查督促施工单位向作业人员进行安全技术交底。

5.严禁违章指挥、违规作业。

6.遇大风、大雾、大雨、大雪等恶劣天气，项目监理机构应指令施工单位不得使用起重机械。

7.项目监理机构应督促施工单位及起重机械设备产权单位、安装拆卸单位健全建筑起重机械使用、维修和保养管理制度，定期开展检查和日常维修保养，发现隐患及时整改。

8.防倾翻装置、防坠器等各种安全保险装置及连接螺栓必须齐全有效，结构件不得开焊和开裂，连接件不得严重磨损和塑性变形，零部件不得达到报废标准，确保安全正常使用。

9.项目监理机构应审批多塔作业专项施工方案。两台及以上塔式起重机在同一现场交叉作业时，任意两台塔式起重机之间的最小架设距离应符合规范要求。

10.塔式起重机使用时，起重臂和吊物下方严禁有人员停留。物件吊运时，严禁从人员上方通过。

11.产权、施工、使用、监理单位要对起重机械设备进行联合月检，及时发现和消除安全隐患，并建立联合月检档案。

（六）施工机械和设施安全许可审查。

1.建筑起重机械设施进场前，项目监理机构应对施工单位报送的建筑起重机械设施报审表及附件资料进行审查，符合要求的由监理安全管理员签署意见，同意进场。

2.审查起重机械的安装（拆卸）、顶升、附着等工作是否由同一个安拆单位来完成，不得批准在夜间进行起重机械安装（拆卸）、安全检查和保养工作。

3.起重机械安装（拆卸）前，项目监理机构应对施工单位报审资料的复印件和原件进行核查。项目监理机构应要求施工单位提交以下资料。

（1）建筑起重机械备案证。

（2）拆装单位资质证书、安全生产许可证。

（3）拆装单位特种作业人员名单及资格证书。

（4）拆装单位负责起重机械安装（拆卸）工程专职安全生产管理人员、专业技术人员名单。

（5）辅助起重机械资料及其特种作业人员名单及证书。

（6）起重机械安装（拆卸）工程专项施工方案。

（7）起重机械安装（拆卸）工程生产安全事故应急救援预案。

（8）拆装单位与使用单位签订的安装（拆卸）合同及签订的安全管理协议书。

（9）进场及安装前对基础进行验收。

项目监理机构对上述资料审查合格后，总监理工程师签署审查意见，并督促安装（拆卸）单位将上述资料告知工程所在地县级以上地方人民政府建设主管部门进行备案。未经建设主管部门备案的，不得进行起重机械的安装（拆卸）作业。

4.备案后施工单位应向项目监理机构提交安装（拆卸）申请，告知项目监理机构安装（拆卸）的具体时间。未经项目监理机构批准，施工单位不得进行起重机械安装和拆卸。

5.起重机械顶升前，施工单位应向项目监理机构提交顶升申请，告知项目监理机构顶升的具体时间。未经项目监理机构批准，施工单位不得进行起重机械顶升作业。

（七）安全防护。

1.项目监理机构应监督施工人员按规定正确佩戴安全帽，高于2米的高处作业必须系好安全带，高挂低用。安全帽、安全带、安全网必须使用登记备案产品。

2.必须采用符合国家标准要求的密目式安全网实施封闭，严禁擅自拆除密目式安全网等安全防护设施。架体内应按规定设置安全平网。使用前，项目监理机构应督促施工单位对安全网进行检验，检验不合格不得使用。

3.施工现场防护设施宜采用定型化、标准化、工具化产品。

（八）建筑施工特种作业操作资格证书核查。

1.建筑施工现场特种作业人员必须取得省级及以上建设行政主管部门颁发的相应的《建筑施工特种作业操作资格证》，其他行政部门、培训中心或培训建议协会等中介机构颁发的操作资格证均不予认可。

2.《建筑施工特种作业操作资格证》可在相应的发证机关网站上予以查询，山东省建管局还规定了首次取得特种作业人员操作证书者应经过 3 个月的实习，实习期满后到主管部门将个人操作证书登记在所在企业名下，方可视为有效。

（九）安全文明施工。

1.工程开工前，施工单位对现场文明施工情况进行评定验收，并将施工作业区的验收资料报现场项目监理机构备案。

2.施工单位应定期组织文明施工情况检查，将施工作业区的检查记录报项目监理机构备案。

3.项目监理机构应督促施工单位做好现场安全文明施工工作，包括现场围挡、信息管理、安全警示、临建设施、场容场貌、现场防火、综合管理等方面。

六、安全巡视与安全日志

（一）安全巡视。

1.监理安全管理人员负责项目监理机构日常对施工现场的安全巡视工作。

2.监理安全管理人员在巡视检查过程中，应重点检查以下内容。

（1）施工单位专职安全生产管理人员到岗工作情况和特种作业人员持证上岗情况。

（2）施工单位是否严格按照批准的施工组织设计及专项施工方案施工。

（3）巡视检查施工现场各种安全标志和安全防护措施。

（4）施工现场存在的安全隐患及整改情况。

（5）项目监理机构签发的工程暂停令执行情况。

3.对危险性较大的分部分项工程应重点巡视。

（二）安全日志。

1.安全日志由项目监理机构每天对所在施工现场的巡视、检查、验收、检验等工作详细记录填写。

2.安全日志记录应包含如下基本内容。

（1）巡视过程中发现的"三宝四口五临边"安全问题及处理情况。

（2）巡视发现的涉及"施工临时用电"安全隐患及处理情况。

（3）巡视发现的"高处作业"安全防护问题及处理情况。

（4）大中型施工机械拆装过程安全监理记录。

（5）大中型施工机械试用及运转安全问题及处理情况。

（6）深基坑开挖及边坡防护安全及监理情况（施工期间填写）。

（7）模板支架搭设、拆除安全/模板工程安全检查及日常维护安全监理情况。

（8）当日主要安全隐患处理情况，安全事故处理情况。

（9）当日下达的有关安全监理的文件资料。

3.安全日志应根据工程进展阶段不同调整相应内容。

4.安全日志应符合关于监理日志的相应要求。

七、安全例行检查

（一）总监理工程师、监理安全管理人员、施工单位项目经理、专职安全员应参加由建设单位每周组织的安全生产例行检查，并形成书面检查记录，各方予以会签。

（二）安全例行检查资料。

1.安全例行检查资料由监理项目机构在按照参建各方建立的制度进行安全检查后形成文件资料记录。

2.安全例行检查项目具体包含：安全文明；模板支架；基坑工程；模板工程；高处作业；起重机械；施工机具。

八、工程监理单位例行检查

工程监理单位应定期组织人员对项目监理机构履行建设工程安全生产管理的监理工作进行检查。

九、生产安全事故及处理

（一）生产安全事故等级划分。根据生产安全事故（以下简称事故）造成的人员伤亡或者直接经济损失，事故一般分为以下等级。

1.特别重大事故，是指造成30人以下死亡，或者100人以上重伤（包括急性工业中毒，下同），或者1亿元以上直接经济损失的事故。

2.重大事故，是指造成10人以上30人以下死亡，或者50人以上100人以下重伤，或者5000万元以上1亿元以下直接经济损失的事故。

3.较大事故，是指造成3人以上10人以下死亡，或者10人以上50人以下重伤，或者1000万元以上5000万元以下直接经济损失的事故。

4.一般事故，是指造成3人以下死亡，或者10人以下重伤，或者1000万元以下直接经济损失的事故。

上述所称的"以上"包括本数，所称的"以下"不包括本数。

（二）安全事故发生后，总监理工程师应立即签发工程暂停令，责令现场停止施工。并督促施工单位立即启动事故救援应急预案，采取有效措施，组织抢救，防止事故扩大，减少人员伤亡和财产损失。同时应督促施工单位妥善保护事故现场以及相关证据。

（三）安全事故发生后，总监理工程师应及时将安全事故情况报告工程监理单位和建设单位，并在 24 小时内提交书面报告。事故报告包括下列内容。

1.发生事故的工程概况。

2.事故发生的时间、地点以及事故现场情况。

3.事故的简要经过。

4.事故已经造成或者可能造成的伤亡人数（包括下落不明的人数）和初步估计的直接经济损失。

5.已经采取的措施。

6.其他应当报告的情况。

（四）项目监理机构应提供事故调查所需要的相关证据，据实反映情况，协助、配合事故调查工作，并督促施工单位按照有关主管部门或事故调查组提出的事故处理的意见进行整改。

（五）对事故中工程受损部位的修复，由施工单位上报处理方案（必要时经原设计单位认可），总监理工程师审批后实施，整改完成后由施工单位上报工程复工报审表。监理人员审查施工单位报送的相关资料，经总监理工程师确认，报建设单位批准后签发工程复工令。

第七节
工程变更、索赔及施工合同的争议处理

一、项目监理机构对工程施工合同其他事项的管理内容

（一）工程暂停及复工的管理。

（二）工程变更的管理。

（三）工程延期及工程延误的管理。

（四）费用索赔的管理。

（五）施工合同争议及解决程序。

（六）施工合同解除。

二、工程施工合同其他事项的管理依据

（一）工程监理合同的约定。

（二）建设工程施工合同。

（三）有关法律、法规、规定。

（四）相关文件资料。

三、工程施工合同其他事项的管理原则

（一）事前控制：项目监理机构应实时监控施工合同执行情况，采取预先分析、调查的方法提前向建设单位和施工单位发出预示，督促建设单位和施工单位认真履行相应义务，防止和减少施工合同纠纷的发生。

（二）及时纠正：发现施工合同实施中的问题，及时用工作联系单通知和督促违约方纠正不符合施工合同约定的行为。

（三）充分协商：在处理过程中，认真听取各方意见，与合同双方充分协商。

（四）公正处理：严格按合同及有关法律、法规、规定和监理程序，公平、合理地处理施工合同其他事项。

四、工程暂停及复工

（一）总监理工程师在签发工程暂停令时，可根据停工原因的影响范围和影响程度确定停工范围，并按施工合同和工程监理合同的约定签发工程暂停令。

（二）项目监理机构发现下列情况之一时，总监理工程师应及时签发工程暂停令。

1.建设单位要求暂停施工且工程需要暂停施工的。

2.施工单位未经批准擅自施工或无正当理由拒绝项目监理机构管理的。

3.施工单位未按审查通过的工程设计文件施工的。

4.施工单位未按批准的施工组织设计、专项施工方案施工或违反工程建设强制性标准的；

5.施工存在重大质量、安全事故隐患或发生质量、安全事故的。

（三）总监理工程师签发工程暂停令应征得建设单位口头同意，在紧急情况下未能事先报告的，应在事后及时向建设单位作出书面报告。

（四）项目监理机构应如实记录暂停施工事件发生的情况。

（五）因施工单位原因暂停施工时，项目监理机构应检查、验收施工单位的停工整改过程、结果。当暂停施工原因消失、具备复工条件时，施工单位提出复工申请的，应填写工程复工报审表并附下列书面材料报送项目监理机构审核。

1.施工单位对工程暂停原因的分析。

2.工程暂停的原因已消除的证据。

3.避免再出现类似问题的预防措施。

项目监理机构应审查施工单位报送的复工报审表及有关材料，符合要求后，总监理工程师应及时签署审查意见，并应报建设单位批准后签发工程复工令。

项目监理机构认为不具备复工条件的，总监理工程师应在复工报审表上签署不同意复工的意见，指明原因，报建设单位。

建设单位不同意复工的，总监理工程师应全面分析，根据工程实际情况作出相应处理。

（六）因非施工单位原因暂停施工时，当暂停施工原因消失、具备复工条件时，施工单位未提出复工申请的，总监理工程师应根据工程实际情况以书面形式指令施工单位恢复施工，并以此书面指令作为复工的时间依据。

（七）施工单位未按要求停工或复工的，项目监理机构应及时报告建设单位。

（八）签发工程暂停指令后，总监理工程师应会同有关各方，按施工合同约定处理因工程暂停引起的与工期、费用有关的问题。

（九）工程暂停施工期间，项目监理机构应要求施工单位保护该部分或全部工程免遭损失或损害。

五、工程变更

（一）工程变更：在工程项目实施过程中，按照合同约定的程序对部分或全部工程在材料、工艺、功能、构造、尺寸、技术指标、工程数量及施工方法等方面做出的改变。工程变更包含设计变更。

（二）人防工程重大设计变更和一般设计变更的划分。

1. 有下列情形之一的，属于重大设计变更。

（1）变更项目建设名称、地点、项目法人、建设期限的。

（2）建设规模、防护等级、主体工程布局、内部使用功能、设计标准和主要设计参数发生变化的。

（3）工程投资增减变化额大于或等于原批准初步设计概算的15%，或变更工程量大于或等于原批准初步设计20%，或单项设计变更投资变化20万元以上的。

2. 一般设计变更是指除重大设计变更以外的其他设计变更。

（三）发生工程变更，无论是由设计单位或建设单位或施工单位提出的，均应经过建设单位、设计单位、施工单位和工程监理单位的签认，并经过总监理工程师下达变更指令后，施工单位方可进行施工；否则，施工单位不得施工，项目监理机构不得签证。

（四）工程变更应由建设单位牵头组织设计、监理、施工单位进行会审，经确认后由设计单位发出相应的图纸变更及说明，参与会审的与会各方应当对会审资料会签。

（五）工程变更需要修改工程设计文件，涉及消防、环保、节能、结构等内容的，应由建设单位按规定报有关部门重新审查。重大工程变更应经原审图机构审查。工程变更会审资料应在项目监理机构留存备查。

（六）施工分包单位的工程变更应通过施工总包单位办理。

（七）项目监理机构可按下列程序处理施工单位提出的工程变更。

1.总监理工程师组织专业监理工程师审查施工单位提出的工程变更申请，提出审查意见。对涉及工程设计文件修改的工程变更，应由建设单位转交原设计单位修改工程设计文件。必要时，项目监理机构应建议建设单位组织设计、施工等单位召开论证工程设计文件的修改方案的专题会议。

2.总监理工程师组织专业监理工程师对工程变更费用及工期影响作出评估。

3.总监理工程师组织建设单位、施工单位等共同协商确定工程变更费用及工期变化，会签工程变更单。

4.项目监理机构根据批准的工程变更文件监督施工单位实施工程变更。

（八）施工单位提出的工程变更有以下情形。

1.图纸出现"错、漏、碰、缺"等缺陷无法施工。

2.图纸不便施工，变更后更经济、方便。

3.采用新材料、新产品、新工艺、新技术的需要。

4.施工单位考虑自身利益为费用索赔而提出的工程变更。

（九）工程变更资料由总监理工程师组织专业监理工程师对施工单位提出的工程变更申请予以审查。对涉及工程设计文件修改的工程变更，应由建设单位转交原设计单位修改工程设计文件并按相关规定完成施工图审查工作。必要时，项目监理机构应组织建设、设计、施工等单位召开专题会议，论证工程设计文件的修改方案。

（十）总监理工程师根据实际情况、工程变更文件和其他有关资料，在专业监理工程师对下列内容进行分析的基础上，对工程变更费用及工期影响作出评估。

1. 工程变更引起的增减工程量。

2. 工程变更引起的费用变化。

3. 工程变更对工期的影响。

（十一）总监理工程师组织建设单位、施工单位等共同协商确定工程变更费用及工期变化，会签工程变更单。

（十二）项目监理机构可按下列方法确定工程变更估价。

1. 项目监理机构可按施工合同约定确定工程变更估价。

2. 施工合同中无工程变更估价约定时，项目监理机构可在工程变更实施前与建设单位、施工单位等协商确定工程变更的计价原则、计价方法或价款。工程变更估价确定的原则如下。

（1）已标价工程量清单或预算书有相同项目的，按照相同项目单价认定。

（2）已标价工程量清单或预算书中无相同项目，但有类似项目的，参照类似项目的单价认定。

（3）变更导致实际完成的变更工程量与已标价工程量清单或预算书中列明的该项目工程量的变化幅度超过合同约定的，或已标价工程量清单或预算书中无相同项目及类似项目单价的，按照合理的成本与利润构成的原则，确定变更工作的单价。

（十三）建设单位与施工单位未能就工程变更费用达成协议时，

项目监理机构可提出一个暂定价格并经建设单位同意，作为临时支付工程款的依据。工程变更款项最终结算时，应以建设单位与施工单位达成的协议为依据。

（十四）项目监理机构可对建设单位要求的工程变更提出评估意见，并督促施工单位按会签后的工程变更单组织施工。

（十五）《工程变工单》应符合《建设工程监理规范》（GB/T 50319—2013）附录表 C.0.2 格式，表格一式四份，设计单位、项目监理机构、建设单位、施工单位各执一份。

六、工程延期及工程延误

（一）项目监理机构受理造成工程延期事件的范围。

1.非施工单位的责任使工程不能按合同原定日期开工。

2.非施工单位原因发生的工程量实质性变化和工程变更。

3.非施工单位原因停水、停电、停气造成停工时间超过合同约定。

4.有关部门正式发布的不可抗力事件。

5.异常的气候条件。

6.建设单位同意工期相应顺延的其他情况。

（二）项目监理机构受理施工单位提出工程延期的条件：

1.工程延期事件发生后，施工单位在施工合同约定期限内（按合同条款规定）提交了书面的工程延期意向报告。

2.施工单位按合同约定提交了有关工程延期事件的详细资料和证明材料。

3.如果工程延期事件是延续性的，施工单位应以一定的时间间隔向项目监理机构提交各种细节资料。

4.工程延期事件终止后，施工单位在施工合同约定的期限内，将详细资料、证明材料、和详细记录汇集、整理后附在工程延期报审表后，并由项目经理签章，施工单位盖章。

（三）施工单位提出工程延期要求符合施工合同约定时，项目监理机构应予以受理。

（四）工程临时或最终延期报审资料由项目监理机构在受理施工单位提出的工程延期要求后，由项目监理机构相关人防专业监理工程师收集相关资料形成。

（五）当影响工期事件具有持续性时，项目监理机构应对施工单位提交的阶段性工程临时延期报审表进行审查。报审材料应详细说明工程延期依据、工期计算、申请延长竣工日期，并附证明资料（包括人防施工日志、各种施工进度表、会议记录、来往文件、传真、邮件、照片、录像、检查记录、验收报告、财务报表等各种原始凭证）。人防专业监理工程师提出核查意见，人防总监理工程师签署工程临时延期审核意见后报建设单位。

当影响工期事件结束后，施工单位向项目监理机构最终申请确定工程延期的日历天数及延迟后的竣工日期，项目监理机构应对施工单位提交的工程最终延期报审表进行审查，人防专业监理工程师提出核查意见，人防总监理工程师签署工程最终延期审核意见后报建设单位。

（六）项目监理机构在批准工程临时延期、工程最终延期前，均应与建设单位和施工单位协商。当建设单位与施工单位就工程延期事宜达不成一致意见时，项目监理机构应提出评估报告。

（七）项目监理机构批准工程延期应同时满足下列三个条件。

1.施工单位在施工合同约定的期限内提出工程延期。

2.因非施工单位原因造成施工进度滞后。

3.施工进度滞后影响到施工合同约定的工期。

（八）施工单位因工程延期提出索赔时，项目监理机构应按施工合同约定处理工期延长、费用增加和合理利润等相关问题。

（九）发生工期延误时，项目监理机构应会同有关各方，按施工合同约定处理施工单位原因造成的工期延误、费用增加和逾期竣工违约金等有关问题。

七、费用索赔

（一）项目监理机构处理索赔的原则。谁索赔，谁举证，证据要有效。

（二）项目监理机构处理费用索赔的主要依据。

1. 法律法规。

2. 勘察设计文件、施工合同文件。

3. 工程建设标准。

4. 索赔事件的证据。

（三）项目监理机构在费用索赔管理中的主要任务。

1. 对导致索赔的原因有充分的预测与防范。

2. 通过有力的合同管理，防止或减少干扰事件的发生。

3. 对已发生的干扰事件及时采取措施，以降低影响及损失。

4. 随时跟踪索赔事件过程，及时收集与索赔有关的资料。

5. 参与索赔的处理过程，审核索赔报告，反驳施工单位不合理的索赔要求或索赔要求不合理的部分，使得索赔得到圆满解决。

（四）项目监理机构受理费用索赔的范围。

1. 因规定的不可抗力，致使工程、材料或施工单位的其他财产遭到破坏或损坏而引起的更换和修复所发生的费用。

2. 有经验的施工单位无法预见到不利自然条件造成施工费用的增加。

3. 非施工单位原因引起的费用增加。

4. 由于工程变更而引起的费用增加。

（五）项目监理机构可按下列程序处理施工单位提出的费用索赔。

1. 受理施工单位在施工合同约定的期限内提交的费用索赔意向通知书。费用索赔意向通知书应包括事件发生的时间、事件概况、索赔依据、工程成本和工期影响的初步评估、索赔声明等内容。费用索赔报审表应包括索赔事件经过的详细说明、索赔理由、合同条款、索赔金额和证明材料等内容。

2. 收集与索赔有关的资料。项目监理机构应及时收集、整理有关工程费用的原始资料，为处理费用索赔提供证据。资料包括施工合同、采购合同、工程变更单、施工组织设计、专项施工方案、施工进度计划、建设单位和施工单位的有关文件、会议纪要、监理记录、监理工作联系单、监理通知单、监理月报及相关监理文件资料等。

3. 受理施工单位在施工合同约定的期限内提交费用索赔报审表。

4. 总监理工程师应组织专业监理工程师审查费用索赔报审表，不同意部分应说明理由，需要施工单位进一步提交详细资料时，应在施工合同约定的期限内发出通知。

5. 与建设单位和施工单位协商一致后，在施工合同约定的期限内签发费用索赔报审表，并报建设单位。

（六）项目监理机构批准施工单位费用索赔应同时满足下列条件。

1. 施工单位在施工合同约定的期限内提出费用索赔。

2. 索赔事件是因非施工单位原因造成，且符合施工合同约定。

3. 索赔事件造成施工单位直接经济损失。

（七）当施工单位的费用索赔要求与工程延期要求相关联时，项目监理机构可提出费用索赔和工程延期的综合处理意见，并与建设单位和施工单位协商。

（八）因施工单位原因造成建设单位损失，建设单位提出索赔时，项目监理机构应与建设单位和施工单位协商处理。

八、施工合同争议及解决程序

（一）项目监理机构处理施工合同争议时应进行下列工作。

1.了解合同争议情况。

2.及时与合同争议双方进行磋商。

3.提出处理方案后，由总监理工程师进行协调。

4.当双方意见未能达成一致时，总监理工程师应提出处理合同争议的意见。

（二）项目监理机构在施工合同争议处理过程中，对未达到施工合同约定的暂停履行合同条件的，应要求施工合同双方继续履行合同。

（三）项目监理机构在处理施工合同争议时，可建议施工合同当事人自行和解，或将争议请求建设行政主管部门、行业协会或其他第三方进行调解。建设单位和施工单位均应遵照和解协议或调解协议执行。

（四）施工合同中约定采取争议评审方式解决争议的，应按下列程序执行。

1.施工合同双方当事人在合同约定的期限内，共同选择一名争议评审员独自进行争议评审，或选择三名争议评审员组成争议评审小组。争议评审小组由施工合同双方当事人各自选定一名，第三名成员由施工合同双方当事人已委托选定的争议评审员共同确定，或由施工合同约定的机构指定，作为首席争议评审员。

2.除施工合同当事人另有约定外，施工合同双方当事人可在任何时间将与合同有关的任何争议共同提请争议评审小组进行评审。争议评审小组应秉持客观、公正原则，充分听取合同双方当事人的意见，依据相关法律、规范、标准、案例经验及商业惯例等，在合同约定的期限内作出评审书面决定，并说明理由。

3.争议评审小组作出的书面决定经施工合同双方当事人签字确

认后，对双方具有约束力，双方应遵照执行。

4.任何一方当事人不接受争议评审小组决定或不履行争议评审小组决定的，双方可选择采用其他争议解决方式。

（五）因施工合同及有关事项产生的争议，可向施工合同约定的仲裁委员会申请仲裁或向有管辖权的人民法院起诉。

（六）在施工合同争议的仲裁或诉讼过程中，项目监理机构应按仲裁机关或法院要求提供与争议有关的证据。

九、施工合同解除

（一）因建设单位原因导致施工合同解除时，项目监理机构应按施工合同约定与建设单位、施工单位从下列款项中协商确定施工单位应得款项，并签认工程款支付证书。

1.按施工合同约定已完成的工作应得款项。

2.按批准的采购计划订购工程材料、构配件、设备的款项。

3.撤离施工设备至原基地或其他目的地的合理费用。

4.施工人员的合理遣返费用。

5.合理的利润补偿。

6.施工合同约定的建设单位应支付的违约金。

（二）因施工单位原因导致施工合同解除时，项目监理机构应按施工合同约定，与建设单位和施工单位协商后，从下列款项中确定施工单位应得款项或偿还建设单位的款项，并书面提交相关款项的证明。

1.施工单位已按施工合同约定实际完成的工作应得款项和已给付的款项。

2.施工单位已提供的材料、构配件、设备和临时工程等的价值。

3.对已完工程进行检查和验收、移交工程资料、修复已完工程质量缺陷等所需的费用。

4. 施工合同约定的施工单位应支付的违约金。

（三）因非建设单位、施工单位原因导致施工合同解除时，项目监理机构应按施工合同约定处理合同解除后的有关事宜。

十、表格填写要求

（一）《工程变更单》应符合《建设工程监理规范》（GB/T 50319—2013）附录表 C.0.2 格式，表格一式四份，项目监理机构、建设单位、设计单位、施工单位各执一份。

（二）《索赔意向通知书》应符合《建设工程监理规范》（GB/T 50319—2013）附录表 C.0.3 格式，表格一式三份，项目监理机构、建设单位、施工单位各执一份。

（三）《费用索赔报审表》应符合《建设工程监理规范》（GB/T 50319—2013）附录表 B.0.13 格式，表格一式三份，项目监理机构、建设单位、施工单位各执一份。

第八节
监理信息管理

一、一般规定

（一）工程监理单位应为项目监理机构配置满足监理工作信息化管理要求的设备。

（二）项目监理机构应按《建设工程监理规范》（GB/T 50319—2013）和《山东省建设工程监理资料文件管理规程》（DB 37/T 5009—2014）的要求完成对信息的收集、加工、整理、存储、检索和传递等工作。

（三）项目监理机构应根据建设单位委托的监理工作范围和内

容建立以项目监理机构为处理核心的信息资料管理中心，协调建设单位、施工单位、监理单位三者之间信息流通，收集来自外部环境各类信息，全面、系统处理后，供参建各方在造价控制、进度控制、质量控制、安全生产管理时使用，为防空地下室建设服务。

二、信息管理工作

（一）项目监理机构应及时收集与工程项目有关的信息。信息收集包括以下内容。

1. 工程监理单位的信息收集。

2. 建设单位和其他参建单位的信息收集。

3. 市场和政府等其他外部相关信息收集。

（二）项目监理机构应根据工程实施进展情况及时收集与监理工作有关的信息。信息收集包括以下内容。

1. 工程实体质量信息收集。

2. 工程进度实时信息收集。

3. 工程造价相关信息收集。

4. 安全生产管理的监理工作信息收集。

（三）监理员应对实测信息进行收集、整理，专业监理工程师应对实测信息进行统计分析，形成独立、真实、有效的工程实测数据资料和工程监理文件。涉及工程实体质量、安全等重要实测信息分析成果需经总监理工程师签批后传递。

（四）项目监理机构应制定以专职信息资料管理员为枢纽的信息分类整理、归档保管制度，并做好收发传递台账。

三、信息处理方法

（一）对工程质量、造价、进度控制过程中收集的有关数据宜采用统计分析方法进行处理。

（二）工程监理信息处理宜采用信息平台和信息处理系统。

（三）鼓励采用建筑信息模型（BIM）、物联网等技术处理质量、造价、进度、安全及建筑节能环保的数字化信息。

第九节
监理文件资料管理

一、基本规定

（一）建设单位应将防空地下室准备文件资料及由建设单位采购的建筑材料、构配件、设备［包括防护（防化）设备］的相关质量证明文件及时提供至项目监理机构，并应保证资料的完整、真实和有效。

（二）施工单位应及时提供合格、完整的施工资料。

（三）监理文件资料应与工程建设监理过程同步形成，应真实反映工程的建设情况和实体质量。监理单位在施工阶段监理过程中对监理资料的形成、积累、组卷和归档应及时、准确、完整。

（四）监理文件资料管理应符合下列规定：

1.监理文件资料由总监理工程师负责组织整理并应指定专人管理。

2.监理人员对监理文件资料应如实记录、及时整理、有序分类。

3.各阶段监理工作结束后，监理文件资料应及时按规定归档。

4.应根据工程项目特征，宜按《建筑工程资料管理规程》（JGJ/T 185—2009）规定确定监理档案的合理保存期限，无规定时不宜小于5年。

5.项目监理机构应根据工程监理合同约定建立监理文件资料目录，完善工程信息文件的传递流程及各项信息管理制度。

6. 收集整理工程建设过程中关于质量、安全、进度、投资、合同管理等信息并向有关方反馈。信息传递应及时、准确、完整。

7. 监理档案的编制和移交，应符合有关工程档案管理规定。

（五）监理文件资料的形成应符合下列规定。

1. 项目监理机构应对监理文件资料内容的真实性、完整性、有效性负责。由多方形成的资料，应各负其责。

2. 监理文件资料的填写、编制、审核、审批、签认应及时进行。

3. 监理文件资料不得随意修改。当需修改时，应实行划改，并由划改人签署。严禁伪造或故意撤换。

4. 监理文件资料的文字、图表、印章应清晰。

（六）监理文件资料的组卷应符合下列规定。

1. 监理文件资料应由监理单位负责收集、整理与组卷。

2. 监理文件资料组卷应遵循自然形成规律，保持卷内文件、资料内在联系。监理文件资料可根据数量组成一卷或多卷。

3. 监理文件资料应按单位工程进行组卷。

4. 监理文件资料组卷内容还应符合《建筑工程资料管理规程》（JGJ/T 185—2009）的规定。

5. 监理文件资料组卷应编制封面、卷内目录，其格式及填写要求应符合规定。

（七）监理文件资料移交归档应符合国家现行有关法规和标准的规定；无规定时，应按工程监理合同约定移交归档。

（八）监理文件资料应为原件；当为复印件时，提供单位应在复印件上加盖单位印章，并应有经办人签字及日期。提供单位应对文件资料的真实性负责。

（九）监理文件资料应内容完整，结论明确，字迹清晰，签字、盖章手续齐全，签字必须使用档案规定用笔。

（十）监理文件资料宜采用计算机信息化技术进行辅助管理。

二、分类与编号

（一）分类。监理文件资料分为工程准备文件资料、监理管理文件资料、进度控制文件资料、质量控制文件资料、安全生产管理文件资料、造价控制文件资料、合同管理文件资料、竣工验收文件资料8类。

（二）编号。

1. 监理文件资料可按资料形成时间的先后顺序编号。

2. 文件资料编号应填写在文件资料专用表格右上角的文件资料编号栏中；无专用表格的文件资料，应在文件资料右上角的适当位置注明文件资料编号。

3. 工程文件资料的编号应及时填写。

三、监理文件资料内容

（一）工程准备文件资料。

1. 工程规划许可证、施工许可证、防空地下室质量、安全监督手续。

2. 地质勘查报告、施工图设计文件及审查合格文件、地下管线资料。

3. 中标通知书（或交易书）、建设工程监理合同、建设工程施工合同、专业施工分包合同、人民防空工程专用设备供销合同、与防空地下室相关的施工招、投标文件，若为复印件应加盖公章。

4. 同施工单位投标文件相应内容一致的施工单位营业执照、资质证书复印件（加盖公章），施工单位项目管理机构人员有效资格证书复印件（加盖公章）。

（二）监理管理文件资料。

1. 总监理工程师任命书、项目监理机构的组织形式、人员构成。

2.监理规划、监理实施细则。

3.监理日志。

4.工程暂停令、工程复工报审表、工程复工令。

5.工作联系单、监理通知单及监理通知回复单。

6.第一次工地会议、监理例会、专题会议等会议纪要。

7.监理月报、监理工作总结、监理业务手册。

（三）质量控制文件资料。

1.图纸会审和设计交底会议纪要、分包单位资格报审表。

2.施工组织设计/（专项）施工方案报审资料、施工控制测量成果报验资料、"四新"审查资料。

3.工程材料、构配件、设备报审资料、计量设备检定审查文件、试验室报审表。

4.检验批、隐蔽工程、分项工程/分部工程报验资料。

5.见证取样和送检记录台账、旁站记录、平行检验记录。

6.质量缺陷验收文件、质量事故处理报告。

（四）安全生产管理文件资料：

1.项目监理机构安全监理实施细则。

2.施工单位安全管理体系相关人员资格报审资料、施工安全方案审查文件、施工单位现场安全规章制度文件审查资料。

3.安全巡视资料、安全例行检查资料、安全日志、监理报告。

（五）进度控制文件资料：

1.工程开工令、工程开工报审文件资料。

2.施工进度计划报审文件资料。

（六）造价控制文件资料：

1.工程款支付资料。

2.费用索赔资料。

3.工程竣工结算款支付资料。

（七）工程合同管理文件资料。

1. 工程临时或最终延期报审资料。

2. 工程变更资料。

（八）竣工验收资料。

1. 工程竣工验收报审资料。

2. 工程质量评估报告。

四、监理日志、日记编制规定

（一）监理日志和监理日记为手写时，一律使用黑色或蓝黑色墨水签字笔、圆珠笔，不得使用铅笔或红蓝墨水，字体要端正，签字要清晰。

（二）项目监理机构都必须有一本完整翔实的《监理日志》（可打印）。监理日志由总监理工程师指定专业监理工程师负责记录，监理员补充完备，专业监理工程师每日签字，总监理工程师定期审阅。

（三）监理日志应包括下列主要内容。

1. 天气、施工环境、施工部位、劳动力等情况。

2. 隐蔽验收。

3. 旁站情况。

4. 现场巡视情况。

5. 平行检验情况。

6. 文件往来情况。

7. 材料进场报验和见证取样情况。

8. 见证取样复试报告返回和结论。

9. 重大事件记录。

10. 监理例会、专题会议提出问题落实情况。

11. 项目监理机构发文（质量问题）现场落实情况等。

12. 重要会议、上级部门检查情况等。

13. 施工机械设备进场及使用情况。

14. 影响防空地下室质量、安全、进度、造价的各类问题及解决情况，总分包项目部人员调整情况，务工人员进出场情况，监理会议、考察、抽检等活动情况。

15. 监理人员现场发现的不符合规范标准的操作及活动，发出口头或书面的监理通知、指令，对防空地下室技术、质量、安全、用工的建议或处理意见。

16. 总监理工程师布置的其他工作完成情况。

17. 其他按照规定应记录的内容。

（四）每名现场监理人员（不包括配备的专职负责造价员和资料员）都应在每天的监理过程中按照有关规定记录监理日记，详细记录当天的巡视、旁站等防空地下室监理工作内容。

五、监理月报（简报）编制规定

（一）监理月报的作用。监理月报应全面反映在防空地下室施工过程的进展及防空地下室监理工作情况，它的作用如下。

1. 向建设单位通报本月份防空地下室的各方面进展情况，目前防空地下室尚存在哪些亟待解决的问题。

2. 向建设单位汇报在本月份中防空地下室项目监理机构做了哪些工作，收到什么效果。

3. 项目监理机构向监理单位领导及有关部门汇报本月份防空地下室进度控制、质量控制、造价控制、安全生产监督管理、合同管理、信息管理、资料管理及协调建设各方之间各种关系中所做的工作，存在问题及其经验教训。

4. 项目监理机构通过编制监理月报总结本月份工作，为下一阶段工作作出计划与部署。

5. 为上级主管部门来项目监理机构检查工作时，提供关于防空地下室工程概况、施工概况及防空地下室监理工作情况的说明文件。

（二）编制的基本要求。

1.原则上每月均应编制监理月报，否则应取得监理单位技术负责人的同意。

2.由总监理工程师组织，项目监理机构全体人员分工负责提供资料和数据，指定专人负责具体编制，完成后由总监理工程师签发，报送建设单位、监理单位及其他有关单位。

3.监理月报所含内容的统计周期为上月的 26 日至本月的 25日，原则上应于下月 5 日前发送至有关单位。

4.监理月报的内容与格式应基本固定，如根据防空地下室项目的具体情况及进展的不同阶段需要作适当的调整时，应取得监理单位技术管理部门的同意。

5.当防空地下室程尚未正式开工、因故暂停施工、竣工验收前的收尾阶段可以采取编写"监理简报（快报）"的形式，向建设单位汇报防空地下室工程的有关情况。监理简报（快报）的内容为：

（1）防空地下室工程进展简况。

（2）本期防空地下室在进度控制、质量控制、造价控制、安全生产监督管理的监理及合同、信息管理方面的情况。

（3）本期防空地下室变更的发生情况。

（4）其他需要报告和记录的重要问题。

（5）监理工作小结。

（三）编制内容。

1.工程概况。

（1）工程基本情况。

（2）项目组织系统表。

（3）月施工基本情况。

2.施工单位项目组织系统。

（1）施工单位简介。

（2）施工单位组织框图。

（3）现场施工人员（含分包单位施工人员）。

（4）现场施工机械。

3.进度控制。

（1）完成总进度计划的情况说明。

（2）本期实际完成情况与计划进度比较表。

（3）本期进度完成情况及采取措施效果的分析。

（4）施工单位人、机料进场及使用情况。

（5）本期在施部位的工程照片。

4.质量控制。

（1）材料、构配件、设备进场质量检验状况。

（2）分部分项工程验收情况。

（3）主要施工试验情况。

（4）采取的质量控制措施及效果。

（5）本期质量分析与评价。

5.施工单位安全文明生产管理工作概述。

（1）机械、设备、机具、脚手架及防护、消防设施动态状况。

（2）月安全文明检查及整改情况（综合本月检查情况）。

（3）月安全文明管理措施及效果。

6.造价控制。

（1）工程量审批情况。

（2）工程款审批及支付情况。

（3）工程款支付情况分析。

7.合同管理其他事项的处理情况。

（1）工程图纸。

（2）工程变更。

（3）工程延期。

（4）费用索赔。

（5）经济签证。

（6）分包合同及主要材料、设备和防化（防化）设备订货合同的签订，分包单位施工资格审查情况。

（7）合同违约。

8.监理工作小结。

（1）月进度、质量、安全、工程款支付等方面情况的综合评价。

（2）月工程监理工作情况。

（3）有关本工程的意见和建议。

9.下月工程监理工作的重点。

（1）在工程管理方面的监理工作重点。

（2）在项目监理机构内部管理方面的工作重点。

10.其他需报告的内容。

（1）月大事记。

（2）施工单位的用工状况，包括持证上岗、实名登记、劳动合同签订、日清月结等情况本月采取的措施及效果。农民工工资支付情况分析，本月采取的措施及效果。

11.气象记录。

12.工程工作照片。

（四）编制注意事项。

1.月报的内容要实事求是，按提纲要求逐项编写。要求文字简练、表达有层次、突出重点、避免烦琐，多用数据说明，但数据必须有可靠的来源。有分析、有比较、有总结、有展望。

2.提纲中开列的各项内容编排顺序不得任意调换或合并。各项内容如本期未发生，应将项目照列，并注明"本期未发生"。

3.月报规定使用 A4 规格纸打印，所有的图表插页使用 A4 或 A3 规格纸打印。

4.月报要求使用规范的简体汉字，使用国家标准规定的计量单位，如 m、m^2、mm^2、t、kPa、MPa 等。不使用中文计量单位名称，如千克、吨、米、平方厘米、千帕、兆帕等。

5.各种技术用语应与各种设计、施工技术规范、规程中所用术语相同。

6.月报中参加防空地下室建设各方的名称宜作如下统一规定。

（1）建设单位：不使用业主、甲方、发包方、建设方。

（2）施工单位：不使用承包单位、乙方、承包商、承包方；可使用施工总包单位和施工分包单位；施工单位分包的劳务队伍一律称劳务分包单位；施工单位派驻施工现场的执行机构统称项目经理部。

（3）监理单位：不使用监理方；监理单位派驻施工现场的执行机构统称项目监理机构。一般不宜单独使用"监理"一词，应具体注明所指为监理单位、项目监理部、监理人员或是监理工程师。

（4）设计单位：不使用设计院、设计、设计人员。

7.文稿中所用的图表及文件，如"本月实际完成情况与计划进度比较表""气象记录""防空地下室工程款支付凭证"等，必须保持表面清洁，印章签字清晰，字迹及图表线条清楚。

8.项目监理机构编写的监理月报稿，应按目录顺序排列，各表格应排列至相应适当位置，并装订成册，经总监理工程师检查无误并签认后再打印。

9.各项图表填报的依据及各表格中填报的统计数字，均应由监理工程师进行实地调查或进行实际计量计算，如需施工单位提供时，也应进行审查与核对无误后自行填写，严禁将图表、表格交施工单位任何人员代为填报。

六、监理会议纪要编写规定

监理会议纪要是工程监理的重要文件之一，对工程各方均具有约束力，并且是发生争议或索赔时重要的证明文件。监理会议包括监理例会及（由项目监理机构主持，不定期召开的解决防空地下室监理工作范围内工程专项问题的）专题会议。监理例会以及专题会议的会议纪要应由项目监理机构负责整理、审签、打印、会签和发放，并在项目监理机构归档备查。

（一）监理例会。

1.项目监理机构应定期组织召开监理例会，监理例会由项目监理机构总监理工程师或其授权的专业监理工程师主持，指定一名监理工程师在专用的记录本上进行记录，并根据记录整理编写会议纪要。

2.会议纪要编写要点。

（1）会议纪要的主要内容如下。

① 检查上次例会议定事项的落实情况，分析未完事项原因。

② 检查分析工程项目进度计划完成情况，提出下一阶段进度目标及其落实措施。

③ 检查分析工程项目质量、施工安全管理状况，针对存在的问题提出改进措施。

④ 检查工程量核定及工程款支付情况。

⑤ 解决需要协调的有关事项。

⑥ 其他有关事宜。

（2）记录本上记录的发言者姓名、发言内容不必全部写入会议纪要，如果出席单位需要发言记录时，可将会议记录复印后发送该单位。

（3）建设各方的单位名称同监理月报中的规定。

3.会议纪要编写的基本要求：

（1）会议纪要需做到内容真实、文字简洁、用词准确。

（2）会议纪要宜符合规定格式要求。

（3）会议纪要应注明"与会各方如对会议纪要有异议时，应在签收后×日内以书面形式向编写单位提出，留存备案"。

4.会议纪要的打印、审签、会签、发放、存档。

（1）会议纪要应在会后及时编写，经总监理工程师（或其授权的专业监理工程师）审查确认后方可打印成稿。

（2）会议纪要的编写人员对打印出的清样和最后的打印成品应进行认真的校核。

（3）会议纪要分发之前项目监理机构主持会议的监理工程师应签字，发至有关单位时，应请对方在发文记录本上履行签收手续。

（4）与会各方应在会议纪要上签字。如对会议纪要有异议时，应作出书面说明反馈到项目监理机构，由项目监理机构主持会议的人员负责处理。

（5）监理例会的记录、会议纪要文件及反馈文件应作为监理资料存档。

（二）专题会议。

1.专题会议由项目监理机构总监理工程师或其授权的专业监理工程师主持、参加，指定一名监理人员进行记录，根据记录整理会议纪要。

2.专题会议应包含如下主要内容。

（1）会议主持介绍会议主题。

（2）参会各方针对需解决的问题提出意见和建议。

（3）形成会议决议或意见。

3.专题会议纪要内容应包含会议召开时间、地点、与会单位、参加人员、会议主要议题、会议内容、会议决议或意见及其他内容。

4.专题会议纪要的打印、审签、会签、发放、存档按监理例会纪要相关规定执行。

七、监理工作总结编制规定

（一）监理工作总结在监理工作结束后由总监理工程师组织编写，一式两份，由总监理工程师签字并加盖监理单位公章后报建设单位和监理单位。

（二）监理工作总结主要内容。

1.工程概况。

2.项目监理机构。

3.建设工程监理合同履行情况。

4.监理工作成效。

5.监理工作中发现的问题及其处理情况。

6.说明和建议。

（三）监理工作总结需详细说明的内容。

1.项目监理机构人员变动记录。

2.建设工程监理合同专用条款及补充协议的履行情况。

3.施工阶段监理活动及形成的文件资料的具体分类数量。

4.监理中发现的重大事件及其处理效果和建议。

5.监理工作成效。

6.监理工作中发现的不足以及可改进的内容。

八、防空地下室监理业务手册编制规定

（一）监理业务手册采用国家人民防空办公室规定的《监理业务手册》，于防空地下室监理工作结束并经人民防空工程主管部门竣工验收备案后，由监理单位及时编制、建设单位现场代表及人民防空工程质量监督部门责任监督人员签署意见，并加盖三方公章。

（二）监理业务手册应包括以下内容。

1.工程概况。

2.项目监理机构人员情况。

3.监理工作内容、工作成效及奖罚情况。

4.竣工验收结论。

5.建设单位意见。

6.人民防空工程质量监督部门意见。

第十节
工程分包和劳动用工管理

一、工程分包管理

（一）项目监理机构对所监理工程项目的专业分包、劳务分包负有监督责任。分包队伍进入施工现场前，总监理工程师要严格审查分包单位的资质证书、安全生产许可证原件和分包合同，并监督施工单位将有关内容填写在工程分包公示牌上。相关资料均需在项目监理机构留存加盖单位公章的复印件备查。

（二）项目监理机构对建设单位或施工单位的违法分包行为应当予以制止，并及时向当地建设行政主管部门报告。

（三）项目监理机构应监督建设单位不得违反法律、法规及有关规定将工程肢解发包给无资质、无安全生产许可证的施工单位；不得将工程直接发包给劳务分包单位、无资质的单位或个人。

（四）项目监理机构应监督建设单位不得违背建设工程施工合同约定，强行指定分包单位、分包内容等。

（五）专业承包单位不得超越本单位资质等级承接工程项目，不得将工程转包或者违法分包，一旦发现，项目监理机构应及时向工程所在地建设行政主管部门汇报。

（六）施工总承包、专业承包单位不具备使用自有的劳务作业和自行施工能力，需对外进行劳务作业分包的，项目监理机构应监督其将劳务作业依法分包给具有相应资质的劳务分包单位，严禁将劳务作业分包给不具备劳务资质的单位或"包工头"。

1.项目监理机构应监督劳务分包单位必须使用自有劳务工人完

成承接的劳务作业,严禁再行分包或将劳务作业转包给"包工头"进行施工。

2. 项目监理机构应监督劳务分包单位在施工现场设置项目管理机构。

二、劳动用工管理

(一)项目监理机构应督促施工总承包单位、专业承包单位加强对直接雇用的劳务人员管理。总承包单位、专业承包单位要按照《中华人民共和国劳动合同法》的规定,与雇用的劳务人员签订规范的劳动用工合同,并办理相关的社会保险(非商业保险),劳动用工合同解除或终止时,应当出具解除劳动用工合同证明,结清劳务人员的所有工资。

(二)项目监理机构应督促劳务分包单位实行劳务人员实名制管理制度,对施工现场的劳务人员的来源地、姓名、身份证号码、岗位证书编号、工种、等级、培训日期、劳动合同编号、信息卡号、进场时间、离场时间等信息进行实名登记造册,建立统一的施工现场劳动用工管理台账,并根据流动情况实行动态管理,做到工人进出场记录完整。严禁使用未携带身份证的劳务人员。

(三)项目监理机构应督促劳务分包单位加强劳动用工合同管理。劳务分包单位必须在所有劳务人员上岗前与其认真规范地签订劳动用工合同,并留存备查。

(四)项目监理机构应督促、检查农民工持证上岗。对无证上岗的,必须限期办理,否则应清退出场。

(五)项目监理机构应督促施工总承包企业、专业承包企业的劳务员每天与劳务分包单位一起核定每个工人的工作量,并签字确认;要监督总承包单位、专业承包单位及时公示建设单位拨付工程款的时间和数额;要监督总承包单位、专业承包单位每月按照劳动合同约定的日期将每个工人完成的工作量及工资汇总并上墙公示、拍照备查，严禁将劳务费用支付给"包工头"。

第十一节
工程监理组织协调

建立和健全项目监理机构、明确项目监理人员的岗位职责是落实项目监理机构的组织协调工作的前提和基础。只有通过有效的组织协调，才能使影响监理目标实现的各方主体进行有机配合，促使各方协同一致，以实现预定目标。

一、组织协调的目的

对项目实施过程中产生的各种关系进行疏导，对产生的干扰和障碍及时排除或缓解，解决各种矛盾、处理各种争端，使整个项目的实施过程处于一种有序状态，并不断使各种资源得到有效合理的优化配置，最终实现预期的监理目标和要求。

二、项目监理机构组织协调工作的特点

项目监理机构进行组织协调时，在遵循公正、独立、自主原则，权责一致原则，总监理工程师负责制原则，严格监理、热情服务原则，综合效益原则等基本组织协调原则的基础上，针对工程情况做好组织协调工作。

三、组织协调的范围和层次

项目监理机构组织协调的范围包括项目监理机构的内部协调和项目监理机构的外部协调。项目监理机构的内部协调包括与工程监

理单位的内部协调和项目监理机构的自身组织内部协调，项目监理机构的外部协调又包括项目监理机构近外层协调和远外层协调。各层次协调对象见表 1-1。

表 1-1　组织协调的范围和层次

协调范围	协调层次	主要协调对象
项目监理机构的内部协调	与工程监理单位协调	法定代表人、总经理、职能管理部门等
	自身组织内部协调	管理部门、各层次人员
项目监理机构的外部协调	近外层协调	建设、勘察、设计、施工总承包单位、专业分包单位、供货商等
	远外层协调	建设单位主管领导和职能部门、人防工程质监机构等

四、项目监理机构的组织协调方法

项目监理机构的组织协调主要采用交谈协调法、会议协调法、书面协调法和访问协调法，具体的形式、作用和特点见表 1-2。

表 1-2　组织协调方法、形式、作用和特点

协调方法	协调形式	主要使用对象	作　用	特　点
交谈协调法	面谈	各方协调	相互沟通信息，及时了解情况、减少矛盾，寻求共识和协调工作；下达指令等	双方容易接受；处理问题及时、方便；直接面对，实现目的的可能性大等
	电话交谈	各方协调		
会议协调法	监理工作准备会议	监理内部协调	是工程监理单位内部的交底会议，明确监理工作的内部相关事宜	内部统一认识、统一思想，事先协调内部工作
	第一次工地会议	各方协调	参与各方相互认识，明确授权和相互关系，介绍工程情况，明确制度和工作流程等	一次性会议，建立关系，明确职责，统一各方思想，促进工程开工等

续表

协调方法	协调形式	主要使用对象	作　用	特　点
会议协调法	监理例会	各方协调	对工程实施情况进行全面检查，及时发现和处理问题，交流信息，处理和协调有关问题，协调争议，处理索赔和纠纷，统一步调，落实今后工作等	定期性，计划性强，针对性强
	专题会议	针对需协调各方	讨论和处理重大问题，解决突出、突发问题等	专业性强，针对性强
书面协调法	监理规划	各方协调	指导整个项目监理机构开展工作	指导性文件
	监理细则	监理内部协调	针对某一专业或某一方面监理工作的操作	操作性文件
	监理月报	各方协调	每月工程实施情况分析，监理工作的总结，下月工作计划等的报告，用于向建设单位和人防工程监理单位汇报工作	定期性，总结性，汇报性和计划性
	会议纪要	各方协调	记录会议过程和结果	会签性，共同遵守性
	监理通知单	施工单位协调	发出监理要求和指令	指令性，要求回复性
	工作联系单（监理）	各方协调	与有关方面进行监理工作协调	沟通和协调相关工作
	报审、报验表	施工单位协调	针对施工单位报审、报验的审查和审核、审批	针对性强，承担审批责任
	开工/暂停/复工令	施工单位协调	对施工单位行为发出的指令	针对性强，责任大
	旁站记录	施工单位协调	关键部位或关键工序施工过程中监理活动的记录	实时性，针对性，强制性

续表

协调方法	协调形式	主要使用对象	作　用	特　点
书面协调法	工程变更单	各方协调	对工程在材料、工艺功能、构造、尺寸、技术指标、工程量及施工方法等方面做出改变的签认	程序性，及时性，会签性
	工程款支付报审表/支付证书	各方协调	对施工单位工程计量和费用申请的审核签证	真实性，符合性
	专题报告	各方协调	讨论和处理重大问题解决，突出、突发专业问题等编制的报告	专业性强，针对性强
	监理报告	有关主管部门协调	对安全事故隐患进行处理的职责和程序报告	客观性，科学性，针对性，责任大
	工程质量评估报告	各方协调	对施工过程和结果分析、评价的结论性报告	客观性，科学性，专业性
	监理工作总结	建立内部协调	总结整个监理工作的实施情况	全面性，客观性
访问协调法	走访协调法	各方协调	走访与工程相关的单位，解释情况，征求意见，增进了解，加强沟通等	解释性，互动性
	邀访协调法	各方协调	邀请与工程相关的单位，解释情况，征求意见，增进了解，加强沟通、指导巡视工作等	沟通和协调，互动性

第二章

防空地下室主要分部、分项工程质量控制

第一节
结构与孔口防护工程施工质量控制

一、施工准备阶段的质量预控

1.熟悉施工图设计文件对防护区与非防护区的要求与区别。

（1）防护系统设置，防护单元划分和有关平战转换预案等。

（2）各使用房间的用途与编号、尺寸。

（3）孔口防护设备的位置、型号、开启方向等。

（4）门框墙、防护密闭隔墙、密闭隔墙、临空墙等的位置、尺寸和标注做法。

（5）防空地下室防护区的底板、墙体、顶板上各种预埋件和预留孔洞的坐标、标高、尺寸。

2.建筑、结构和安装图纸之间对预埋预留的管、孔、洞、口、坑、件标注位置和尺寸是否一致。

3.门框墙、防护密闭隔墙、密闭隔墙、临空墙等重点部位，要制定预控措施。

4.熟悉人防门的设置要求。

（1）按由外到内的顺序设置防护密闭门、密闭门。即防护密闭

门设置在外面，密闭门设置在其里面。

（2）防护密闭门应向外开启；密闭门宜向外开启。

（3）在防护单元间隔墙上开设门洞时，应在其两侧设置防护密闭门。若相临防护单元的防护等级不同，高抗力的防护密闭门应设置在低抗力防护单元一侧，低抗力的防护密闭门应设置在高抗力的防护单元一侧，其防护密闭门的门框墙厚度不宜小于500mm。

（4）在为双墙的防护单元间隔上需开设门洞时，应在两防护密闭隔墙上分别设置防护密闭门。防护密闭门至结构缝的距离应满足门扇的开启要求。若两防护单元的防护等级不同，高抗力防护密闭门应设在高抗力防护单元一侧，低抗力防护密闭门应设在低抗力防护单元一侧。

5.熟悉设计图纸对施工安装的相关要求。

二、防空地下室结构施工图审查注意事项

1.现浇混凝土结构选用的材料强度等级不应低于以下规定。

基础：C25。

梁、楼板：C25。

柱：C30。

内、外墙：C25。

门框墙：C30。

2.防空地下室结构不得采用硅酸盐砖和硅酸盐砌块。

3.防水混凝土结构底板的混凝土垫层，其强度等级不应低于C15，厚度不应小于100mm，在软弱土层中不应小于150mm。

4.防空地下室钢筋混凝土构件有防水要求时，防水混凝土结构厚度应不小于250mm，其混凝土的强度宜不低于C30。防水混凝土的设计抗渗等级应根据工程埋深深度采用，且不小于P6。具体如下：当工程埋深小于10m时，设计抗渗等级最小应为P6；当工程埋深为10～20m时，设计抗渗等级最小应为P8；当工程埋深为

20～30m 时，设计抗渗等级最小应为 P10；当工程埋深为 30～40m 时，设计抗渗等级最小应为 P12。

5.防空地下室结构构件采用钢筋混凝土结构时的最小厚度。

（1）顶板、中间楼板：200mm。

（2）承重外厚：250mm。

（3）承重内墙：200mm。

（4）临空墙：250mm。

（5）防护密闭门门框墙：300mm。

（6）密闭门门框墙：250mm。

6.防空地下室结构缝的设置应符合下列规定。

（1）在防护单元内不宜设置沉降缝、伸缩缝。

（2）室外出入口与主体结构连接处宜设置沉降缝。

（3）上部地面建筑需设置结构缝时，防空地下室可不设置。

7.混凝土保护层最小厚度［最外层钢筋（包括箍筋、构造筋、分布筋等）外缘至混凝土表面最近边缘的距离］应符合设计要求。当设计无要求时，应满足下列规定。

（1）受力钢筋的保护层厚度不应小于钢筋的公称直径 d。

（2）钢筋混凝土基础宜设置混凝土垫层，基础中钢筋的混凝土保护层厚度应从垫层顶面算起，且不应小于 40mm，当基础无垫层时不应小于 70mm。

（3）防水混凝土结构迎水面钢筋保护层厚度不应小于 50mm。

（4）当对防空地下室墙体采取可靠的建筑防水做法或防护措施时，与土层接触一侧钢筋的保护层厚度可适当减少，但不应小于 25mm。

（5）室内干燥环境下，C30 及以上混凝土保护层最小厚度：外墙内侧、内墙、板为 15mm，梁、柱为 20mm；C25 及以下混凝土保护层最小厚度：墙外墙内侧、内、板为 20mm，梁、柱为 25mm。

三、主要分项工程施工质量控制

（一）模板分项工程质量控制。

1.模板及支架用材料。

（1）模板及支架用材料的技术指标应符合现行国家有关标准的规定。

（2）应使用酚醛树脂高强建筑竹胶板，不能使用脲醛树脂竹胶板。

（3）模板进场时应核查质量证明文件抽样检验其外观、规格和厚度、平整度等。

（4）支架杆件进场时应核查质量证明文件抽样检验其外观、规格和直径、壁厚等。

（5）连接件进场时应核查质量证明文件抽样检验其外观、规格和尺寸、重量等。

2.模板及其支架应具有足够的承载力和刚度，并应保证其整体稳固性，使其能可靠地承受新浇筑混凝土的重量、侧压力以及施工荷载。

3.外墙、临空墙、门框墙、防护密闭隔墙和密闭隔墙的模板安装，其固定模板的对拉螺栓上严禁采用套管、混凝土预制件等，避免在墙体上等造成孔洞。

（1）用于固定模板的螺栓必须穿过防水混凝土结构时，可采用工具式螺栓或螺栓加堵头，螺栓上应加焊金属方形止水环，止水环应位于螺栓中部，金属止水环应与螺栓两面环焊密实，金属止水环尺寸应符合设计要求。拆模后应将留下的凹槽用密封材料封堵密实，并用聚合物水泥砂浆抹平。

（2）临空墙、门框墙、防护密闭隔墙和密闭隔墙的模板安装，其固定模板的对拉螺栓上可不设止水环，但必须满足防锈、防护密闭要求。

115

4.为保证混凝土成型质量，模板安装应符合下列要求。

（1）模板的接缝应严密，孔洞应予封堵。在浇筑混凝土前，木模板应浇水润湿。

（2）模板内不应有杂物、积水和冰雪等。

（3）模板与混凝土的接触面应平整、清洁并涂刷隔离剂。

（4）对清水混凝土工程及装饰混凝土工程，应使用能达到设计效果的模板。

5.在安装门框墙模板过程中，应避免引起已调正的门框偏移。模板应紧贴压住门框角钢表面，否则混凝土浇筑完毕后，墙体有效厚度不够，且门框突出墙面。

6.固定在模板上的预埋件、预留孔和预留洞均不得遗漏，且应安装牢固、位置准确。有抗渗要求的混凝土结构中的预埋件，应按设计及施工方案的要求采取防渗措施。

预埋件和预留孔洞的位置应满足设计及施工方案的要求，当设计无要求时，其允许偏差应符合表 2-1 的规定。

表 2-1　预埋件和预留孔洞的安装允许偏差

项　　目		允许偏差/mm
预埋板中心线位置		3
预埋管、预留孔中心线位置		3
插　筋	中心线位置	5
	外露长度	+10,0
预埋螺栓	中心线位置	2
	外露长度	+10,0
预留洞	中心线位置	10
	尺　寸	+10,0

注：检查中心线位置时，应沿纵、横两个方向量测，并取其中偏差的较大值。

7.现浇钢筋混凝土梁、板，当跨度等于或大于 4m 时，模板应起拱。起拱不得减少构件的截面高度。

（1）只考虑施工阶段模板本身在荷载下的下垂，未包括设计为了抵消构件在外荷载作用下出现的过大挠度所给出的要求时，起拱高度宜为梁、板跨度的 $1‰\sim3‰$，对刚度较大的钢模板钢管支架等可采用偏小值，对刚度较小的木模板木支架等可采用偏大值。

（2）当施工措施能够保证模板下垂符合要求时，也可不起拱或采用更小的起拱值。

8. 模板安装应保证混凝土结构构件各部分形状、尺寸和相对位置正确，现浇结构模板安装的允许偏差应符合表 2-2 的规定。

表 2-2　现浇结构模板安装的允许偏差

项　　目		允许偏差/mm
轴线位置		5
底模上表面标高		±5
模板内部尺寸	基础	±10
	柱、墙、梁	+4，−5
	楼梯相邻踏步高差	5
墙、柱垂直度	层高≤6m	8
	层高>6m	10
相邻模板表面高差		2
表面平整度		5

注：检查轴线位置时，当有纵横两个方向时，应沿纵、横两个方向量测，并取其中较大值。

9. 外墙止水钢板以下吊模的支撑钢筋不得贯通。

10. 按模板工程施工方案的规定，检查隔离剂的品种、性能质量证明文件和隔离剂的涂刷质量。现场涂刷隔离剂不得沾污钢筋、预埋件和混凝土接槎处。

11. 封模前，应检查各专业预留预埋是否到及其正确性，宜实行会签制度。

12. 模板及支架拆除要求。

（1）满足模板工程施工方案要求。

（2）底模及其支架拆除时的混凝土强度应符合设计要求；当设计无要求时，在混凝土强度符合表 2-3 的规定后方可拆除。

表 2-3　底模拆除时的混凝土强度要求

构件类型	构件跨度/m	达到设计的混凝土立方体抗压强度标准值的百分率/%
板	≤2	≥50
	>2,≤8	≥75
	>8	≥100
梁、拱、壳	≤8	≥75
	>8	≥100
悬臂构件	—	≥100

（3）在混凝土强度能保证其表面及棱角不因拆除模板而受损坏后，方可拆除侧模。

（4）防水混凝土拆模时的强度必须超过设计强度等级的 70%，混凝土表面温度与环境温度之差，不得超过 15℃。拆模时勿使防水混凝土结构受损。

13.后浇带的模板及支架应独立设置，使其装拆方便，不影响相邻混凝土质量，且不宜拆除后二次支撑。

（二）钢筋分项工程质量控制。

1.防空地下室钢筋混凝土结构构件，不得采用冷轧带肋钢筋、冷拉钢筋等经冷加工处理的钢筋。钢筋除锈、调直不得采用冷拉方法，应采用无延伸功能的机械设备调直钢筋。钢筋表面应洁净、无损伤，钢筋加工前应清除表面的油渍、漆污和铁锈等。带有颗粒状或片状老锈的钢筋不得使用，经现场除锈仍留有麻点的，严禁按原规格使用。钢筋应平直，无局部曲折。

2.钢筋代换：钢筋代换主要包括钢筋品种、级别、规格、数量等的改变。钢筋代换应经设计单位同意，按规定办理设计变更文件，并符合下列规定。

（1）不同种类钢筋的代换，应按钢筋受拉承载力设计值相等的原则进行。在设计时，采用材料强度综合调整系数 γ_d，对强度设计值进行调整。可采用下列公式计算求得。

$$A_{s1}f_{y1}\gamma_{d1}=A_{s2}f_{y2}\gamma_{d2}$$

式中，A_{s1}、f_{y1}、γ_{d1} 分别为被代换普通钢筋的截面积（mm^2）、静荷载作用下强度设计值（N/mm^2）、动荷载作用下材料强度综合调整系数；A_{s2}、f_{y2}、γ_{d2} 分别为代换普通钢筋的截面面积（mm^2）、静荷载作用下强度设计值（N/mm^2）、动荷载作用下材料强度综合调整系数。材料强度综合调整系数见表 2-4。

表 2-4 材料强度综合调整系数 γ_d

钢筋种类	综合调整系数 γ_d
HPB300 级	1.45
HRB335 级	1.35
HRB400 级、RRB400 级	1.20

（2）钢筋代换后，应满足设计规定的钢筋间距、锚固长度、最小钢筋直径，根数等要求。对重要受力构件不宜采用光面钢筋代换变形（带肋）钢筋。梁的纵向受力钢筋与弯起钢筋应分别进行代换。

3. 钢筋弯折可采用专用设备一次弯折到位。对于弯折过度的钢筋，不得回弯。钢筋弯折应符合下列规定。

（1）光圆钢筋末端作 180°弯钩时，其弯折的弯弧内直径不应小于钢筋直径的 2.5 倍，纵向受力钢筋弯钩的平直段长度不应小于钢筋直径的 3 倍。

（2）335MPa 级、400MPa 级带肋钢筋末端作 90°或 135°弯折时，其弯折的弯弧内直径不应小于钢筋直径不应小于钢筋直径的 4 倍；纵向受拉钢筋的弯折后平直段长度应符合设计要求（当纵向受拉普通钢筋末端采用 90°弯钩锚固形式时，弯钩内径为 4d，弯后平直段长度为 12d；采用 135°弯钩锚固形式时，弯钩内径为 4d，弯后平直段长度为 5d）。

（3）500MPa 级带肋钢筋，当直径为 28mm 以下时不应小于钢筋直径的 6 倍，当直径为 28mm 及以上时不应小于钢筋直径的 7 倍，纵向受拉钢筋的弯折后平直段长度应符合设计要求。

（4）位于框架结构顶层端节点处的梁上部纵向受力钢筋和柱外侧纵向受力钢筋，在节点角部弯折处，当直径为 28mm 以下时不宜小于钢筋直径的 12 倍，当直径为 28mm 及以上时不宜小于钢筋直径的 16 倍。

（5）箍筋弯折处尚不应小于箍筋弯折处的纵向受力钢筋直径；箍筋弯折处纵向受力钢筋为搭接钢筋或并筋时，应按钢筋实际排布情况确定箍筋弯弧内直径。

（6）拉筋弯折处，弯弧内直径除应符合上述对箍筋的规定外，尚应考虑拉筋实际勾住钢筋的具体情况。

4.除焊接封闭箍筋外，其他所有箍筋、拉筋的末端应按设计要求做弯钩，并应符合下列规定。

（1）箍筋弯钩的弯折角度不应小于 135°，弯折后平直段长度不应小于箍筋直径的 10 倍和 75mm 两者之中的较大值。

（2）圆形箍筋的搭接长度不应小于其受拉锚固长度，且两端均应作不应小于 135°的弯钩，弯折后平直长度不应小于箍筋直径的 10 倍和 75mm 两者之中的较大值。

（3）《混凝土结构工程施工规范》（GB 50666—2011）规定：拉筋用作梁、柱复合箍筋中单支箍筋或梁腰筋间拉结筋时，两端弯钩的弯折角度均不应小于 135°，弯折后平直段长度不应小于拉筋直径的 10 倍和 75mm 两者之中的较大值；拉筋用作剪力墙、楼板等构件中钢筋网片拉结筋时，两端弯钩可采用一端 135°另一端 90°，弯折后平直段长度不应小于拉筋直径的 5 倍和 50mm 两者之中的较大值。

（4）按设计要求，双面配筋的钢筋混凝土板、墙体需要设置拉结筋时，拉结筋应梅花形排列，并有效拉结在两层钢筋网节点上；拉结筋长度应能拉住最外层受力钢筋；拉结筋两端应按设计要求设弯钩，弯钩平直段长度不小于拉结钢筋直径的 6 倍和 50mm 两者之中的较大值；当拉结筋兼做箍筋时，弯钩平直段长度不小于拉结钢筋直径的 10 倍和 75mm 两者之中的较大值，拉结钢筋的直径不小于 6mm，间距不大于 500mm。拉结筋两端弯钩应满足施工图设计要求。

（5）钢筋加工的形状、尺寸应符合设计要求，其偏差应符合表 2-5 的规定。

表 2-5 钢筋加工的允许偏差

项　目	允许偏差/mm
受力钢筋沿长度方向的净尺寸	±10
弯起钢筋的弯折位置	±20
箍筋外廓尺寸	±5

5.钢筋连接与安装。钢筋安装时，受力钢筋的牌号、规格和数量必须符合设计要求；受力钢筋的安装位置、锚固方式应符合设计要求。

（1）钢筋的连接方式应符合设计要求。如设计没有规定，可由施工单位根据《混凝土结构设计规范》（GB 50010—2010）（2015年版）等国家现行有关标准的相关规定和施工现场条件与设计共同商定，并按此进行验收。

（2）钢筋接头的位置应符合设计和施工方案要求，设置在受力较小处，不宜位于构件最大弯矩处。梁端、柱端箍筋加密区范围内不应进行钢筋搭接，该范围内钢筋若需连接则应采用性能较好的机械连接和焊接接头。同一纵向受力钢筋不宜设置两个及两个以上接头。

（3）当纵向受力钢筋采用机械连接接头或焊接接头时，同一连接区段（接头连接区段是指长度为 $35d$ 且不小于 500mm 的区段，d 为相互连接两根钢筋的直径较小值）内纵向受力钢筋的接头面积百分率（即接头中点位于该连接区段内的纵向受力钢筋截面面积与全部纵向受力钢筋截面面积的比值）应符合设计要求。当设计无具体要求时：同一构件内的接头宜分批错开；受拉接头不宜大于50%，受压接头可不受限制；板、墙、柱中受拉机械连接接头，可根据实际情况放宽；接头末端至钢筋弯折点的距离，不应小于钢筋直径的 10 倍；机械连接接头之间的横向净间距不宜小于 25mm，机械连接接头的混凝土保护层厚度宜符合《混凝土结构设计规范》（GB 50010—2010）（2015 年版）中受力钢筋的混凝土保护层厚度最小厚度规定，且不得小于 15mm。

（4）当纵向受力钢筋采用绑扎搭接接头时，同一连接区段（接头连接区段是指长度为 1.3 倍搭接长度的区段，搭接长度取相互连接两根钢筋中较小直径计算）内纵向受力钢筋的接头面积百分率（即接头中点位于该连接区段内的纵向受力钢筋截面面积与全部纵向受力钢筋截面面积的比值）应符合设计要求。当设计无具体要求时：同一构件内的接头宜分批错开；各接头的横向净间距不应小于钢筋直径，且不应小于 25mm；梁类、板类及墙类构件不宜超过25%，柱类和基础筏板不宜超过 50%；当工程确有必要增大接头面积百分率时，对梁类构件不应大于 50%，对其他构件可根据有关规范规定及实际情况适当放宽。

（5）纵向受力钢筋绑扎搭接长度应符合相关规定。在任何情况下，受拉钢筋的搭接长度不应小于 300mm；受压钢筋的搭接长度不应小于 200mm。

（6）梁、柱类构件的纵向受力钢筋搭接长度范围内应按设计要求配置箍筋，并符合规定要求：搭接区内箍筋直径不应小于搭接箍筋较大直径的 1/4；受拉搭接区段的箍筋间距不应大于 100mm 及搭接箍筋较小直径的 5 倍；受压搭接区段的箍筋间距不应大于 200mm 及搭接箍筋较小直径的 10 倍；当柱中纵向受力钢筋直径大于 25mm 时，应在搭接接头两个端面外 100mm 的范围内各设置两道箍筋，其间距宜为 50mm。

（7）钢筋绑扎应符合规定：钢筋的绑扎搭接接头应在接头中心和两端用铁丝扎牢；墙、柱、梁钢筋骨架中各竖向面钢筋网交叉点应全数绑扎；板上部钢筋网的交叉点应全数绑扎，底部钢筋网除边缘部分外可间隔交错绑扎；梁、柱的箍筋弯钩应沿纵向受力钢筋方向错开设置；梁及柱中箍筋、墙中水平分布钢筋、板中钢筋距构件边缘的起始距离宜为 50mm。

（8）钢筋安装应采取防止钢筋受模板、模具内表面的脱模剂污染的措施。

（9）防水混凝土结构内部设置的各种钢筋或绑扎铁丝，不得接触模板。

（10）钢筋绑扎定位：底板的支架底脚，应垫在垫块上，不能直接支到垫层上，否则就要在支架立柱靠近下端焊上止水翼环。

（11）钢筋安装应牢固。绑扎或焊接的钢筋网和钢筋骨架，不得有变形、松脱和开焊。钢筋安装允许偏差应符合表 2-6 的规定，受力钢筋保护层厚度的合格点率应达到 90% 及以上，且不得有表中数值 1.5 倍的尺寸偏差。

表 2-6 钢筋安装允许偏差

项　　目		允许偏差/mm
绑扎钢筋网	长、宽	±10
	网眼尺寸	±20
绑扎钢筋骨架	长	±10
	宽、高	±5

续表

项　目		允许偏差/mm
纵向受力钢筋	锚固长度	−20
	间距	±10
	排距	±5
纵向受力钢筋、箍筋的混凝土保护层厚度	基础	±10
	梁、柱	±5
	墙、板、壳	±3
绑扎箍筋、横向钢筋间距		±20
钢筋弯起点位置		20
预埋件	中心线位置	5
	水平高差	+3,0

注：检查中心线位置时，应沿纵、横两个方向量测，并取其中偏差的较大值。

（三）人防门钢门框施工质量控制。

1.门框进场时应抽查。检查门框的角钢尺寸、焊缝质量、门框对角线、油漆等。必要时，可要求防护设备厂家提供相关图纸。宽度大于3m的门框出厂时应在门框中间设米字支撑。

2.门框由防护设备生产厂家负责安装，其安装技术人员应持证上岗。

3.施工总包单位为人防门门框的安装提供正确的位置尺寸和标高。

4.钢门框和铰页锚板应位置准确，严格校正合格后方可与主筋焊牢。所有锚固钩应锚入门框墙体钢筋内。

5.预埋的方向与开启方向相对应。门框角钢的安装标高应该以建筑标高为准。安装人防门门框时，不得切断门框墙的钢筋。

6.人防门门框安装就位后，应设置独立的支撑系统（八字形支撑），门框斜撑一定要设，以确保其稳固牢靠。门框不得与墙体、顶板等共用支撑系统，不得与脚手架连接。

7.钢门框支撑固定应牢靠,不得支撑在底板钢筋网片上。

8.为确保人防门安装正确,防止钉模板时错位和浇筑变形,一般用钢管或角钢来作为临时支撑,把人防门门框固定、加固,施工时不能随意去掉。若确因施工通行需要作临时拆除的,则混凝土浇筑前必须焊回,并调正水平、垂直。

9.门框预埋安装时必须铅直、周边平整。制作门框墙时,门框墙制作的垂直度允许偏差为5mm,门框表面平面度允许偏差为1.5mm,而且门框垂直度及安装门扇时门扇与门框贴合面间隙允许偏差尚应符合表2-7的规定。严格控制门框墙制作及门框安装的垂直度等。

表2-7 门框垂直度及门扇与门框贴合面间隙允许偏差

项　　目		允许偏差/mm
门框垂直度/mm	$L \leqslant 2000$	2.5
	$2000 < L \leqslant 3000$	3.0
	$3000 < L \leqslant 5000$	4.0
	$L > 5000$	5.0
门扇与门框贴合面间隙 LH/mm	$LH \leqslant 3000$	2.5
	$LH > 3000$	3.5

注:L 为门框孔宽度;LH 为门孔宽度和高度中较大值。

(四)防爆波悬摆活门框施工质量控制。

控制防爆波悬摆活门框正、侧面垂直度允许偏差在5mm以内。

(五)预埋穿墙管施工质量控制。

1.按设计要求预埋的带有密闭翼环的密闭穿墙管不得漏装,其中通风穿墙短管两端伸出墙面的长度不小于100mm;电缆、电线穿墙短管两端伸出墙面的长度不小于50mm;给水排水穿墙短管两端伸出墙面的长度不小于40mm。

2.密闭穿墙管与内墙角、凹凸部位的距离应大于250mm。

3.在墙、板中预埋密闭穿墙管时,密闭翼环应位于墙体厚度的中间，并与周围结构钢筋焊牢。密闭穿墙管的轴线应与所在墙面垂直，管端面应平整。

4.当同一处有多根管线需作穿墙密闭处理时，可按设计要求在密闭穿墙管两端各焊上一块密闭翼环。两块密闭翼环均应与所在墙体的钢筋焊牢，且不得露出墙面。

（六）其他预埋预留工程施工质量控制。

1.共用门框墙的防火门，安装门框的预埋件应沿门框墙角部内侧预埋。

2.供安装人防门扇使用的吊环，应采用 HPB300 钢筋（可用于吊环直径小于等于 14mm 时）或 Q235B 圆钢（吊环直径大于 14mm 时），在顶板混凝土浇筑前布设到位。吊环应钩住板上层主筋，吊环位置及埋入混凝土锚固长度应按照设计要求进行布设。

3.当矩形洞口长边尺寸大于等于 300mm、圆形洞口孔径尺寸大于等于 300mm 时，均要在洞口四周严格按图纸要求设置加强钢筋；直径大于等于 300mm 的预埋管，切断的墙体钢筋应将钢筋直接点焊或加接接头延伸到预埋管外表面点焊在管道上，与预埋管焊接牢固，并按设计文件的要求进行洞口加强（应在管道四条切线方向均设加强筋，加强筋包成菱形，并与管道点焊连接）；当圆形洞口或矩形洞口长边尺寸小于 300mm 时，可将板中受力筋绕过孔边，不必另设加强筋。

4.临空墙、外墙、防护密闭或密闭墙体预埋线盒、孔洞进深尺寸不能超过墙体厚度的三分之一；设置在临空墙、外墙、防护密闭或密闭墙体上的各种动力配电箱、照明箱、控制箱不得嵌墙暗装，应采取挂墙式明装；防爆音响信号按钮通常设在人员掩蔽工程主要出入口防护密闭门门框墙上，防爆音响信号按钮应嵌入混凝土墙内，且按钮衬板外表面宜与混凝土墙面平齐。

5.塔吊洞口。塔吊洞口要避开防护密闭段墙体和顶板，避开底板梁、顶板梁；塔吊洞口要按后浇带的做法留置及封闭；洞口四周要设置加强钢筋和止水钢板。

6.施工洞口。

（1）施工洞口不得留在防空地下室的墙体和顶板上。

（2）设置在防空地下室顶板上的放线孔洞，不得切断顶板钢筋，且应有满足防护密闭要求的措施。

（3）混凝土水箱部位上人孔，可兼做施工洞。

7.止水钢板设置与处理：底板、顶板的后浇带及外墙水平施工缝，如图纸没有明确要求，应设止水钢板。凡止水钢板切断柱箍筋或拉结钢筋，钢筋切断处的端头应做 90°水平弯折，钢筋弯钩平直部分长度为 10d，并应双面焊接在止水钢板上。

（1）止水钢板切断柱箍筋或拉结钢筋在止水钢板上下应分别加密补强。

（2）止水钢板的连接应采用双面搭接焊方式连接，搭接长度不宜小于 50mm。

（3）外墙止水钢板以下部分，与外墙连接的墙体水平钢筋应在底板混凝土浇筑前布设到位。

（七）顶板使用的箱体材料和混凝土分项工程施工质量控制。

1.顶板使用的箱体材料主要有蜂巢芯、叠合箱、模壳、薄壁方箱等，需符合设计要求，并有相应的检测报告等证明文件。

2.防空地下室口部、防护密闭段、采光井、水库、水封井、防毒井、防爆井等有防护密闭要求的部位，应一次整体浇筑混凝土。防倒塌楼梯、防倒塌通风竖井必须一次整体浇筑，要注意防倒塌楼梯与普通楼梯区别，注意对照防空地下室施工图设计文件。

3.浇筑混凝土要均匀投料，小心振捣，不要猛烈震荡模板，以防预埋件变位。

4.防护密闭门、密闭门和活门门框墙、临空墙、水库挡墙必须一次整体浇筑，不留水平施工缝。

5.浇筑混凝土时，用于检查结构构件混凝土强度的试件应在浇筑地点随机取样，并按下列规定取样与试件留置。

（1）每拌制 100 盘且不超过 $100m^3$ 的同一配合比的混凝土，取样不得少于一次。

（2）每工作班拌制的同一配合比的混凝土不足 100 盘时，取样不得少于一次。

（3）每一次连续浇筑超过 $1000m^3$ 时，同一配合比的混凝土每 $200m^3$ 取样不得少于一次。

（4）工程口部同一配合比的混凝土，取样不得少于一次。每次取样应至少留置一组标准养护试件，同条件养护试件的留置组数应根据实际需要确定。

（5）防水混凝土留置的抗渗试块，应在底板、顶板、外墙混凝土浇筑地点随机取样。连续浇筑混凝土每 $500m^3$ 应留置一组 6 个抗渗试块，且每项工程不得少于二组；采用预拌混凝土的抗渗试块，留置组数应按结构的规模和要求而定（试块采用底面直径为 185mm，顶面直径为 175mm，高度为 150mm 的圆台型）。

6. 施工缝。

（1）施工缝的位置应符合规定：混凝土应连续浇筑，宜少留施工缝。顶板、底板不宜设施工缝。承受动力作用的设备基础，原则上不应留置施工缝。当留设施工缝时，外墙的水平施工缝应设在高出底板表面 300～500mm、低于顶板表面不少于 500mm 的墙体上；当墙体有预留孔洞时，施工缝距孔洞边缘不应小于 300mm；垂直施工缝应避开地下水和裂隙水较多的地段，并宜与结构缝相结合。

（2）施工缝施工应符合规定：水平施工缝在浇筑混凝土前，应将其表面浮浆和杂物清除，然后铺设净浆或涂刷混凝土界面处理剂、水泥基渗透结晶型防水涂料等材料，再铺 30～50mm 的 1：1 水泥砂浆，并及时浇筑混凝土；垂直施工缝浇筑混凝土前，应将其表面清理干净，再涂刷水泥净浆或混凝土界面处理剂，并及时浇筑混凝土。选用的遇水膨胀止水条（胶）应具有缓胀性能，其 7 天的净膨胀率不宜大于最终膨胀率的 60%，最终膨胀率不宜大于 220%，遇水止水条（胶）应与接缝表面密贴。采用中埋式止水带时，应定位正确、固定牢靠。

7.结构缝。在防护单元内不宜设置沉降缝、伸缩缝；当防空地下室的战时功能无防毒要求时，可在防护单元内设置沉降缝、伸缩缝；上部地面建筑需设置伸缩缝、防震缝时，防空地下室可不设置；室外出入口与主体结构连接处宜设置沉降缝，结构缝处钢筋不得切断；结构缝应满足密封防水、适应变形、施工方便、检修容易等要求。

（1）结构缝处混凝土结构的厚度不应小于 300mm；用于沉降的结构缝，其最大允许沉降差值不应大于 30mm，当计算沉降差值大于 30mm 时，应要求设计采取措施；结构缝的宽度宜为 20～30mm。

（2）结构缝的复合防水形式：中埋式止水带与外贴防水层；中埋式止水带与嵌缝材料；中埋式止水带与可卸式止水带；中埋式金属止水带（对环境温度高于 50℃处的结构缝，可采用 2～3mm 厚的紫铜片或不锈钢片等金属止水带，其中间呈圆弧形）。

（3）中埋式止水带施工应符合规定：止水带埋设位置应准确，其中间空心圆环应与结构缝的中心线重合；中埋式止水带先施工一侧混凝土时，其端模应支撑牢固，严防漏浆；止水带的接缝宜为一处，应设在边墙较高位置，不得设在结构转角处，接头宜采用热压焊；中埋式止水带在转弯处应做成圆弧形，（钢边）橡胶止水带的转角半径应不小于 200mm，转角半径应随着止水带的宽度增大而相应加大；止水带应妥善固定，顶、底板内止水带应成盆状安设。

（4）安设于结构内侧的可卸式止水带施工时应符合要求：所需配件应一次配齐，转角处应做成 45°折角，并应增加紧固件的数量。

（5）结构缝与施工缝均用外贴式止水带（中埋式）时，检查其相交部位宜采用十字配件。结构缝用外贴式止水带的转角部位宜采用直角配件。

（6）密封材料嵌填施工时应符合要求：缝内两侧基面应平整、洁净、干燥，并应涂刷与密封材料相容的基层处理剂；嵌缝底部应设置背衬材料；密封材料嵌填应严密、连续、饱满，并应粘接牢固。

（7）在缝表面粘贴卷材或涂刷涂料前，应在缝上设置隔离层和加强层。

8.后浇带。

（1）后浇带应按设计文件要求留设，应贯穿整个结构，应设在受力和变形较小的部位，宜设置在梁、板跨度三等分的中间范围内。

（2）后浇带不得穿越防护密闭段（防毒通道、密闭通道）、风井、扩散室、除尘滤毒室。

（3）后浇带宽度宜为 800～1000mm，间距宜为 30～60m。

（4）后浇带可做成平直缝，结构主筋不宜在后浇带中断开，应连续通过，确因调整困难需要全部断开时，钢筋绑扎搭接长度应 $\geqslant l_{lF}$，后浇带宽度应 $\geqslant （l_{lF}+60）$ 且 $\geqslant 800mm$。

（5）为保证结构主筋不走形、不移位，一方面在制作安装后浇带跨内钢筋时应加密拉结筋、支撑筋及保护层垫块，另一方面在浇筑后浇带两侧混凝土时采用对称浇筑法。

（6）为便于施工及保证断面企口形式，后浇带两侧接缝处宜采用钢筋支架钢丝网隔断，钢丝网片必须绷紧，钢丝网片与钢筋支架绑扎必须结实牢固。

（7）考虑到防渗漏要求，断面接缝形式宜为企口式或阶梯式，并在接缝中部设置止水条或止水带，外部采用附加防水层。

（8）为确保后浇带接缝处不渗（漏）水，接缝处橡胶止水带或遇水膨胀止水条应埋设到位，如采用钢板止水带时，则钢板止水带的设置与处理应符合要求。

（9）后浇带应在其两侧混凝土龄期达到 42 天后再施工，但高层建筑的后浇带应在结构顶板浇筑混凝土 14 天后进行。

（10）浇筑后浇带内混凝土前，应做好钢筋（钢板止水带）的除锈工作，同时将后浇带内两侧混凝土凿毛并将杂物清理干净，用水冲洗施工缝并排除表面积水，保护润湿 24 小时，在界面处涂刷与缝内混凝土内砂浆成分相同的水泥浆，以确保后浇带混凝土与先浇筑的混凝土结合良好；后浇带部位和外贴式止水带应予以保护，严防落入杂物和损伤外贴式止水带。

（11）后浇带应采用补偿收缩混凝土浇筑，其强度等级应高于两侧混凝土强度一个等级，其混凝土配合比必须预先做好试配并满足设计要求，有抗渗要求时，还应做抗渗试验。

（12）后浇带内混凝土浇筑后与缝内钢筋形成整体受力并抗衡残余约束力，所以后浇带内混凝土浇筑质量和缝内结构钢筋一样重要，必须采取措施，保证混凝土浇筑质量。

（13）后浇带混凝土应一次浇筑，不得留设施工缝。

（14）在混凝土初凝后应抹平压光数遍，减少表面裂缝产生。

（15）混凝土浇筑后应及时养护，养护时间不得少于 28 天。

（16）后浇带需超前止水时，后浇带部位混凝土应局部加厚，并增设外贴式或中埋式止水带。

（17）在缝内混凝土浇筑前，后浇带跨内的梁板两侧结构长期处于悬臂受力状态，因此，要求在施工期间本跨内的模板和支撑不能拆除，否则可能引起各部分结构的承载能力和稳定问题；这部分模板支撑体系必须待后浇带混凝土强度达到设计强度后，按顺序拆除。

9.混凝土浇筑完毕后，应按施工技术方案及时采取有效的养护措施，并应符合下列规定。

（1）应在浇筑完毕后的 12 小时以内对混凝土加以覆盖并保湿养护。

（2）混凝土养护时间：采用硅酸盐水泥、普通硅酸盐水泥或矿渣硅酸盐水泥配制的混凝土，不得少于 7 天；对掺用缓凝型外加剂或有抗渗性要求的混凝土，不得少于 14 天。

（3）洒水养护应保证混凝土表面处于湿润状态，混凝土养护用水应与混凝土拌和用水相同。

（4）采用塑料薄膜、塑料薄膜加麻袋、塑料薄膜加草帘覆盖养护的混凝土，塑料薄膜应紧贴混凝土裸露表面，混凝土全部裸露表面应覆盖严密，并应保持塑料薄膜内有凝结水。

（5）大体积混凝土（系指混凝土结构物实体最小尺寸不小于 1m 的大体量混凝土，或预计会因混凝土中胶凝材料水化引起的温度变化和收缩而导致有害裂缝产生的混凝土）应进行保温保湿养护，保湿养护的持续时间不得少于 14 天，应保持混凝土表面湿润。保温覆盖层的拆除应分层逐步进行，当混凝土的表面温度与环境最大温差小于 20℃时，可全部拆除。

（6）混凝土强度达到 1.2MPa 前，不得在其上踩踏、堆放物料、安装模板及支架。

（7）同条件养护试块的养护条件应与实体结构部位养护条件相同。

（8）注意事项。

① 当日最低温度低于 5℃时，不应采用洒水养护。

② 当采用其他品种水泥时，混凝土养护时间应根据所采用水泥技术性能确定。

③ 对养护环境温度没有特殊要求或洒水养护有困难的结构构件，可采用采用喷涂养护剂养护方式。

④ 防空地下室底层墙、柱带模养护时间不应少于 3 天，宜适当增加养护时间。

10.冬期施工的混凝土养护规定。

（1）日均气温低于 5℃时，不得采用浇水自然养护方法。

（2）混凝土受冻前的强度不得低于 5MPa。

（3）模板和保温层应在混凝土冷却到5℃方可拆除，或在混凝土表面温度与外界温度相差不大于20℃时拆模，拆模后的混凝土亦应及时覆盖，使其缓慢冷却。

（4）混凝土强度达到设计强度的50%时，方可拆除养护措施。

11.现浇混凝土结构的位置和尺寸允许偏差应符合表2-8的规定。

表2-8 现浇混凝土结构的位置和尺寸允许偏差

项 目			允许偏差/mm
轴线位置	整体基础		15
	独立基础		10
	墙、柱、梁		8
垂直度	层高	≤6m	10
		>6m	12
	全高 H		30000＋20
标高	层高		±10
	全高		±30
截面尺寸	基础		＋15，－10
	柱、梁、板、墙		＋10，－5
	楼梯相邻踏步高差		6
电梯井	中心线位置		10
	长、宽尺寸		＋25，0
表面平整度			8
预埋件中心位置	预埋板		10
	预埋螺栓		5
	预埋管		5
	其他		10
预留洞、孔中心线位置			15

注：检查柱轴线、中心线位置时，应沿纵、横两个方向量测，并取其中偏差的较大值。H 为全高，单位为 mm。

12.现浇设备基础的位置和尺寸应符合设计和设备安装的要求，其位置和尺寸允许偏差应符合表 2-9 的规定。

表 2-9　现浇设备基础位置和尺寸允许偏差

项　目		允许偏差/mm
坐标位置		20
不同平面标高		0，−20
平面外形尺寸		±20
凸台上平面外形尺寸		0，−20
凹槽尺寸		＋20，0
平面水平度	每米	5
	全长	10
垂直度	每米	5
	全高	10
预埋地脚螺栓	中心线位置	2
	顶标高	＋20，0
	中心距	±2
	垂直度	5
预埋地脚螺栓孔	中心位置	10
	截面尺寸	＋20，0
	深度	＋20，0
	垂直度 h	$h/100$ 且≤10
预埋活动地脚螺栓锚板	中心线位置	5
	标高	＋20，0
	带槽锚板平整度	5
	带螺纹孔锚板平整度	2

注：检查坐标、中心线位置时，应沿纵、横两个方向量测，并取其中偏差的较大值。h 为预埋地脚螺栓孔孔深，单位为 mm。

（八）门框墙制作质量控制。

1.按设计要求及施工规范的规定，检查钢筋的规格、形状、尺寸、数量、接头位置及钢筋保护层厚度。

2.钢筋经现场除锈仍有麻点的，严禁按原规格使用。

3.按设计要求，严格控制门框墙混凝土的强度等级及门框墙厚度：门框墙混凝土的强度等级不应低于 C30，防护密闭门门框墙厚度不应小于 300mm，密闭门门框墙厚度不应小于 250mm。

4.门框墙受力筋直径不应小于 12mm，间距不应大于 250mm；应设置拉结筋，其直径不应小于 6mm，间距不大于 500mm，呈梅花形布置。

5.门洞四角，当墙厚小于或等于 400mm 时，应配置 2 根（当墙厚大于 400mm 时为 3 根）斜向钢筋，其钢筋直径不应小于 16mm（防爆波活门门洞四角斜向钢筋直径不应小于 12mm），长度不应小于 1000mm（防爆波活门门洞四角斜向钢筋长度不应小于 800mm）。斜向钢筋宜采用 HRB400 级或 HRB335 级钢筋。

6.检查门框墙周边宽度是否满足设计要求，以便保证门扇安装和启闭要求。

7.钢门框与门框墙之间应有足够的连接强度，应相互连成整体。活门槛与门框连接应牢固、严密。

8.门框墙两侧水平筋为受力筋，应配置在外侧，且门框墙受力筋宜封闭。门框两侧墙柱水平套箍间距要严格按照图纸要求，特别是安装门框后，因门框锁槽布置影响间距的，要及时调整，闭锁盒尺寸大于一个间距的，要在闭锁盒上下侧附设加强套箍。

9.门框墙钢筋骨架尺寸要控制好，考虑到门框角钢厚度及门框墙钢筋保护层的厚度等，按经验钢筋骨架可以上下各缩 30mm，左右各缩 40mm（例如 HFM1520 的人防门，洞口放线时，左右两侧最外层钢筋外边缘距离宜为 1580mm，上下距离宜为 2060mm）。

10.混凝土应振捣密实，每道门框墙的任何一处麻面面积不应大于门框墙总面积的 0.5%，且应修整完好。钢筋混凝土门框墙严禁有蜂窝、孔洞、露筋。

11.按设计要求，严格检查门洞尺寸，门框墙拆模后的允许偏差应符合表 2-10 的规定。

表 2-10　门框墙制作的允许偏差

项　　目		允许偏差/mm
门框孔宽度 L/mm	L≤1500	2.0
	1500<L≤2500	3.0
	L>2500	4.0
门框孔高度 H/mm	H≤1500	2.0
	1500<H≤2500	3.0
	H>2500	4.0
门框孔对角线长度 X/mm	X≤2000	4.5
	X>2000	5.5
门框垂直度/mm	L≤2000	2.5
	2000<L≤3000	3.0
	3000<L≤5000	4.0
	L>5000	5.0

（九）人防门安装质量控制。

1.人防门的产品标牌齐全，型号、规格、性能必须符合设计要求和《人民防空工程防护设备产品质量检验与施工验收标准》（RFJ 01—2002）的规定。

2.防护密闭门沿通道侧墙设置时，其门扇应嵌入墙内设置，且门扇的外表面不得凸出通道的内墙面。

3.当防护密闭门设置于竖井处时，其门扇的外表面不得凸出竖井的内墙面。

4.门扇以铰页为轴逆时针开启（由外向里看，铰页位于右侧）称为"右开"门（亦称"反"门），顺时针开启为"左开"门（亦称"正"门）。

5.门扇与门框应贴合严密，门扇与门框贴合的传力部位严禁抹灰，门扇关闭后密封条压缩均匀，严密不漏气。

6.门扇铰页连接处应受力均匀，铰页与门框连接处不宜设置垫片；确需设置时，垫片厚度不应大于 3mm，且只能一层。

7.门扇应开关轻便，闭锁启闭灵敏，门扇外表面应标有闭锁开关方向。

8.门扇应自动开到终止位置，表面平整光滑，面漆均匀，传动部件涂油润滑，且无自开和自关现象。

9.门扇的零部件齐全，无锈蚀，无损坏。

10.钢筋混凝土门扇严禁有贯通裂缝、蜂窝、孔洞和露筋。钢门扇严禁有影响防护密闭功能的变形。

11.密封条安装应符合下列规定。

（1）密闭封条应设置在门扇内侧，使门扇与门框墙之间形成密封。

（2）密封条接头应采用 $45°$ 坡口搭接，单扇门的密封条接头不得超过 2 处，双扇门不得超过 6 处。

（3）密封条粘接应牢固、平整，压缩均匀，局部压缩量允许偏差不应超过设计压缩量的 20%。

（4）密封条不得涂抹油漆。

12.门扇安装允许偏差应符合表 2-11 的规定。

表 2-11　门扇安装允许偏差

项　　目		允许偏差/mm
门扇宽度 L/mm	$L \leqslant 1500$	2.0
	$1500 < L \leqslant 2500$	3.0
	$L > 2500$	4.0
门扇高度 H/mm	$H \leqslant 1500$	2.0
	$1500 < H \leqslant 2500$	3.0
	$H > 2500$	4.0

续表

项　　目		允许偏差/mm
门扇对角线长度 X/mm	$X \leqslant 2000$	4.5
	$X > 2000$	5.5
门扇与门框贴合面间隙 LH/mm	$LH \leqslant 3000$	2.5
	$LH > 3000$	3.5

注：LH 为门孔宽度和高度中较大值。

（十）防爆波悬摆活门安装质量控制。

1.防爆波悬摆活门、胶管活门的型号、规格、性能必须符合设计要求和施工规范的规定。

2.防爆波悬摆活门和胶管活门凹入墙面的距离应符合设计要求和施工规范的规定。

3.防爆波悬摆活门安装质量要求。

（1）防爆波悬摆活门安装必须牢固，开启方向、位置应正确。

（2）底座与胶板粘贴应牢固、平整，其剥离强度不应小于0.5MPa。

（3）悬板关闭后与底座胶垫贴合严密，门扇铰页处应受力均匀。

（4）检查防爆波悬摆活门所有铁件均应油漆，但胶垫不能油漆，相对运动部位应涂油保护。

（5）悬板启闭灵活，能自动开启到限位座。

（6）闭锁定位机构应灵活可靠。

4.胶管活门安装质量要求。

（1）活门门框与胶板粘贴应牢固、平整、位置正确，其剥离强度应不小于0.5MPa。

（2）门扇关闭后与门框贴合严密。

（3）所有铁件均应油漆，但门框上的胶板不能油漆。

（4）门扇上的闭锁盘应转动灵活，橡皮筒应套在门框上。

（5）胶管、卡箍应配套、编号，胶管直立放置、密封保存。

（6）胶管应密封保存。

5.防爆波悬摆活门和胶管活门安装允许偏差应符合规定。

坐标允许偏差为 10mm，标高允许偏差为±5mm，框正、侧面垂度为 5mm。

（十一）自动排气活门、防爆超压排气活门安装质量控制。

1.活门开启方向必须朝向排风方向，平衡锤连杆应与穿墙管法兰平行，平衡锤应垂直向下。

2.活门应与工程内的通风短管（或密闭阀门）在垂直和水平方向上错开布置。

3.活门在设计超压下能自动开启，关闭后阀盘与无缝橡胶密封圈贴合严密。

4.自动排气活门、防爆超压排气活门安装允许偏差应符合规定。

坐标允许偏差为 10mm，标高允许偏差为±5mm，平衡锤杆铅垂度为 5mm。

5.YF 型自动排气活门施工安装要求。

（1）预埋的密闭穿墙短管长度应根据墙厚而定。管内径与活门的通风口径应一致。

（2）预埋短管与法兰焊接应保证密封，不得渗漏。

（3）预埋前应除去锈疤，刷防锈漆两道。管道与密闭翼环采用满焊。

（4）活门安装时应清除密封面的杂物，并衬以 5mm 厚的橡胶垫圈，所有螺栓应均匀拧紧，保证密闭不漏气。

（5）自动排气活门安装前应存放在室内干燥处，阀盘处于关闭位置，橡胶密封面上不允许染有任何油质物质，外套密封面上必须涂防锈剂。

6.PS-D250 型自动排气活门施工安装要求。

（1）预埋短管长度应根据墙厚而定，管径与活门的通风口径一致。

（2）预埋前应除去锈疤，刷红丹防锈漆两道，管道与密闭翼环，短管与渐缩管采用满焊，要求严密不漏风。

（3）活门安装时，渐扩管的法兰平面应保持垂直，阀门的杠杆也应保持垂直，要求法兰上下两螺孔中心连线保持垂直。所有螺栓应均匀旋紧，防止渗漏。

（4）两个活门上下垂直安装时，两中心距应大于等于600mm。

7.FCH 型防爆超压排气活门施工安装要求。

（1）预埋的密闭穿墙短管长度应根据墙厚而定，管壁厚度应符合设计要求，管径与活门的通风口径一致。

（2）预埋前应除去锈疤，刷红丹防锈漆两道，管道与密闭翼环，短管与渐缩管采用满焊，要求严密不漏风。

（3）活门安装时，渐扩管的法兰平面应保持垂直，阀门的杠杆也应保持垂直，要求法兰上下两螺孔中心连线保持垂直。所有螺栓应均匀旋紧，防止渗漏。

第二节
穿管限制和穿管安装质量控制

一、穿管限制及基本要求

（一）工程防护能力（包括防核武器、常规武器）、防化能力（包括防核生化武器），在工程的任何防护结构部位、防护设备和各种管道的引入点都应具有相同的防护和防化能力。

（二）与防空地下室无关的管道，不宜穿过人防围护结构。上部建筑的生活污水管、雨水管、燃气管不得进入防空地下室。对于乙类防空地下室和核 5 级、核 6 级、核 6B 级的甲类防空地下室，当收集上一层地面废水的排水管需要引入防空地下室时，其地漏应采用防爆地漏。

（三）穿过防空地下室顶板、临空墙和门框墙的管道其公称直径不宜大于 150mm。

（四）凡进入防空地下室的管道及其穿过的人防围护结构，均应采取防护密闭措施。

（五）防空地下室所需的管道，原则上宜从墙体穿入。

（六）密闭穿墙管做套管时，在套管与管道之间应用密封材料填充密实，并在管口两端进行密闭处理；填料长度应为管径的 3～5 倍，且不得小于 100mm；管道在套管内不得有接口；套管内径比管道外径大 30～40mm。

（七）平时使用的管线穿越防护密闭要求的墙、板时，其防护措施应按设计要求安装到位，不得临战转换或截断封堵。

二、通风管道穿管的防护密闭质量控制

（一）预埋管件应除锈，并在外露部分刷红丹防锈漆两道，应随土建施工时一起浇筑在墙内。

（二）预埋管直径应与所连接的密闭阀门、超压自动排气活门相匹配。

（三）预埋管时应先焊好密闭翼环，管道与管道、管道与法兰、管道与密闭翼环的连接均应采用满焊，保证密封。

（四）通风管的密闭穿墙短管，应采用厚 2～3mm 的钢板机械卷制成型满焊，其焊缝应饱满、均匀、严密。

（五）密闭穿墙短管两端伸出墙面的长度应不小于 100mm。

（六）密闭翼环采用的钢板应平整，其厚度不小于 10mm，翼高不小于 50mm。

（七）除设计另有要求外，当管径不大于 $DN150$ 的风管穿过 4B 级及以上防空地下室的临空墙、防护密闭墙上预埋的套管，或

管径大于 $DN150$ 的风管穿过防空地下室的临空墙、防护密闭墙上预埋的套管时，应在朝向冲击波端设置钢板厚度不小于 10mm 的防护抗力片。

三、给水排水管道穿管的防护密闭质量控制

（一）穿过人防围护结构的给水引入管、排水出户管、通气管、供油管的防护密闭措施应符合下列要求。

1. 管径不大于 $DN150$ 的管道穿过防空地下室的顶板、外墙、密闭隔墙及防护单元之间的防护密闭隔墙，或穿过乙类防空地下室临空墙，或穿过核 5 级、6 级、6B 级的甲类防空地下室临空墙时，应设置防护密闭套管。

2. 除设计另有要求外，当管径不大于 $DN150$ 的给排水管道穿过 4B 级及以上的防空地下室临空墙、防护密闭墙上预埋的套管，或管径大于 $DN150$ 的给排水管道穿过防空地下室的临空墙、防护密闭墙上预埋的套管时，应在朝向冲击波端设置防护抗力片。

（二）给水管道密闭穿墙管采用钢塑复合管或热镀锌钢管，排水管道密闭穿墙管采用钢塑复合管或其他经过可靠处理的钢管，按设计要求制作安装。

（三）密闭翼环采用钢板制作，并按要求与密闭穿墙管焊接。密闭翼环翼高不小于 50mm，厚度不小于 10mm，按设计要求制作。

（四）密闭翼环及密闭穿墙管等加工完成后，其外露部分刷底漆一遍。

（五）挡圈采用钢板制作，并按要求与密闭穿墙管焊接。

（六）防护抗力片采用钢板制作，其厚度不小于 10mm。

（七）钢管应放置在密闭穿墙套管的中间，轴线与墙面垂直。

（八）钢管和挡圈焊接后，经防腐处理后，再施行与套管安装。

（九）在钢管与密闭穿墙套管的空隙之间，按要求应用密封材

料填充密实。然后再实行防护抗力与固定法兰之间的焊接（应满焊）。

（十）焊接采用手工电弧焊，焊条型号 E4303。焊缝应饱满、均匀、严密。

四、电缆管线穿管的防护密闭质量控制

（一）对穿过人防围护结构、有防护密闭要求的墙体、板的各种电缆（包括动力、照明、通信、网络等）管线和预留备用管，应进行防护密闭或密闭处理。

（二）预埋穿墙短管采用热镀锌钢管，管壁厚度应不小于2.5mm，穿墙短管两端伸出墙面的长度不小于50mm。短管预埋时应先焊好密闭翼环，与热镀锌钢管双面满焊，保证密封，同时应与结构钢筋焊牢，一次浇筑。

（三）当同一处有多根管线需作穿墙密闭处理时，可在密闭穿墙短管两端各焊上一块密闭翼环。两块密闭翼环均应与所在墙体的钢筋焊牢，且不得露出墙面。

（四）密闭翼环采用厚度不小于5mm厚的热镀锌钢板制作，钢板应平整，其翼高不小于50mm。

（五）核5级、常5级及以上等级的防空地下室，当电气管线穿过临空墙、防护密闭墙上预埋的套管时，应在朝向冲击波管端按设计要求设置防护抗力片。抗力片用热镀锌钢板加工，钢板应平整，其厚度不小于10mm，加工尺寸根据设计图确定。抗力片管线槽口宽应按管线外径开设，与所穿越的管线外径相同，槽口必须光滑。两块抗力片的槽口必须对插。其他情况，当管两端用环氧树脂封堵深度大于50mm时，可不设置抗力片。

（六）管内密闭填料等可根据实际情况选用并经设计人员同意。

（七）弱电线路一般选用多根导线合穿在一根保护管内通过外墙、临空墙、防护密闭隔墙、密闭隔墙。但应采用暗管加密闭盒的

方式进行防护密闭或密闭处理。保护管径不得大于 25mm。在外侧受冲击波方向，接线盒应采用防护盖板，盖板厚度应采用不小于 3mm 的热镀锌钢板。

（八）当防空地下室内的电缆或导线数量较多，且又集中敷设时，可采用电缆梯架、托盘和槽盒敷设的方式。但电缆梯架、托盘和槽盒不得直接穿过临空墙、防护密闭隔墙、密闭隔墙，当必须通过时，改为密闭穿管敷设。电缆梯架、托盘和槽盒穿越有防护、密闭要求的墙体的防护密闭处理应符合设计要求。

（九）口部明敷电缆及封闭母线槽穿墙管做法应符合设计要求。

（十）电缆、护套线、弱电线路和电气备用管穿过临空墙、防护密闭隔墙、密闭隔墙应采取防护密闭或密闭封堵。

第三节
给水排水工程施工质量控制

一、施工准备阶段的质量控制

（一）施工前准备阶段的质量控制

1.熟悉图纸，了解管道空间走向和穿越结构的部位，注意给水管道不应穿过通信、变配电设备房间。管道密集部位，应注意交错情况。给排水管道与其他管线的最小净距，应按规范控制水平净距和垂直净距。

2.审核设计预留孔洞的位置，给排水密闭穿墙管的管径、标高和尺寸是否正确、有无遗漏现象。

3.给水排水工程所使用的主要材料、成品、半成品、配件、器具和设备必须具有中文质量合格证明文件，必要的环保指标检测报告，规格、型号及性能检测报告应符合国家技术标准或设计要求。

4.所有材料进场时应对品种、规格、外观等验收。包装应完好，表面无划痕及外力冲击破损，无腐蚀，并经监理工程师核查确认。

5.主要器具和设备必须有完整的安装使用说明书。

（二）给水管材的质量控制

1.给水管道的材料，室外部分 $DN \geqslant 75$ 可采用给水铸铁管；$DN < 75$ 可采用钢塑复合管。穿过防空地下室围护结构的给水管道应采用钢塑复合管；防护阀门以后的给水管道可采用其他符合现行规范及产品标准要求的管材。

2.管道必须采用与管材相适用的管件。检查管道和管件的出厂合格证明，其性能应符合设计要求和国家标准的规定。

3.生活给水系统所涉及的材料必须达到饮用水卫生标准。

（三）排水管材质量控制

排水管道的管材包括零配件首选铸铁管。室内排水管采用机制排水铸铁管，压力排水管和有防爆要求的排水管采用钢管或钢塑复合管。不允许塑料排水管敷设在结构底板中。采用其他种类的管材时，应确保符合设计要求，且具有满足相关规范要求的强度。

（四）供油管材质量控制

供油管采用钢管和不锈钢管，管道、阀门及附件均不得采用镀锌材料制品。

二、施工过程质量控制

（一）给水排水管线与通风与空调专业和电气专业管线有竖向交叉无法避让时应遵循以下原则。

1.给水排水不同系统管线有竖向交叉时，有压管避让无压管，给水管从排水管上部绕过，小管径有压管线应向上绕过。

2.与风管竖向交叉时，给水管道应从上绕过，排水管道贴风管下敷设。

3．与电气管线竖向交叉时，给水排水管道应从下绕过。

（二）预埋、预留质量控制

1．预埋、预留位置应准确。应按设计图纸要求、有关标准图规定进行安装。

2．检查预埋、预留工作，应在结构钢筋绑扎完，混凝土浇筑或模板支设之前进行。

3．预埋套管和预留孔洞处应按设计要求、有关标准图规定进行加强处理。

（三）管道支、吊、托架安装质量控制

1．支、吊、托架的安装位置应正确，埋设应平整牢固。

2．支架与管道接触应紧密，固定应牢靠。

3．滑动支架应灵活，滑托与滑槽两侧应留有 3～5mm 的间隙，纵向移动量应符合设计要求。

4．无热伸长管道的吊架、吊杆应垂直安装。

5．有热伸长管道的吊架、吊杆应向热膨胀的反方向偏移。

6．固定在有防护密闭要求的墙体、板上的支、吊架不得影响结构的安全及防护密闭性能。

（四）给水排水管道安装质量控制

1．敷设在结构底板中的洗消排水管采用钢支架，安装位置、标高应准确，间距应合理。支架固定时应与结构底板内的钢筋焊牢，支架下端不得接触到底板垫层。

2．检查铜质洗消排水口的标高及洗消排水管的坡度，伸入到洗消污水集水坑的洗消排水管应低于结构底板顶面 250mm，不宜过深，否则会影响到洗消集水坑的有效容积。

3．防爆地漏应在结构底板中一次预埋到位，预埋时管口应有防堵塞措施，篦子的顶面低于该处地面的建筑面层 5～10mm。

4．检查防爆清扫口：当采用防护盖板时，检查盖板是否采用镀锌或镀铬的 HPB300 级钢或 ZCuZn38 制造，厚度是否满足设计要求。盖板表面应光洁无毛刺。防爆清扫口安装高度应低于周围地面，并有1%的坡度，坡向防爆清扫口盖板。

5.各种给排水管道在经过建筑物结构缝（沉降缝、伸缩缝）处，应按国家有关规范要求安装两端固定的补偿装置。

6.检查管道标高。给水管道，消防喷淋管道标高指的是管中心标高，排水管道标高指的是管内底标高。在检查墙板中预埋给排水防护密闭套管时，应注意区别以上两种不同情况。

7.检查给水排水管道、配件及附件和设备是否符合下列要求。

（1）管道、配件及附件的规格、数量、标高等应符合设计要求，各种阀门安装位置及方向正确，启闭灵活。

（2）管道坡度符合设计要求。

（3）给水管、排水管、供油管系统应无渗漏。

（4）给水附属设备、排水潜式污水泵及卫生设备的规格、型号、安装位置、标高等应符合设计要求。

（5）地漏、检查口、清扫口的数量、规格、位置、标高等应符合设计要求。

（6）阀门型号、规格应符合设计要求。阀门启闭灵活，指示明显、正确。

8.检查给水管道的安装质量。

（1）室内管道水平安装部分，应按设计要求留有2‰～5‰的坡度，且坡向应正确。管道的安装位置应符合设计要求；当设计无要求时，管道与梁、柱、楼板、墙等的最小距离应根据相关规定按管径大小确定。给水主管和装有3个或3个以上配水点的支管始端，均应安装可拆卸的连接件。

（2）所有进入防空地下室的管道，均应按要求安装防护阀门。

（3）管道穿越防空地下室围护结构时，必须预埋柔性或刚性防水套管。套管管径应与所穿过的管道管径相匹配；套管与管道的空隙应用石棉水泥、沥青油麻封填，并在套管受冲击波一侧设置防护抗力片。

（4）管径小于或等于100mm的给水镀锌钢管应采用螺纹连接；管径大于100mm的镀锌钢管应采用法兰或沟槽式连接。

（5）管道采用法兰连接时，法兰密封垫片的外观，不得有影响密封性能的缺陷存在。法兰连接应保证法兰端面相互平行和同心。法兰连接衬垫一般采用3mm厚的钢垫。法兰衬垫不得凸入管内，其外边缘接近螺栓孔为宜。不得安放双垫或偏垫。连接法兰的螺栓，直径和长度应符合标准，拧紧后，凸出螺母的丝扣长度应为2～3扣，不应大于螺栓直径的1/2。

（6）管道采用螺纹连接时，管道螺纹长度应达到标准的规定，无断丝或缺丝现象，管道安装后的管螺纹根部应有2～3扣的外露螺纹，多余的麻丝等填料应清理干净。

（7）给水铸铁管管道应采用水泥捻口或橡胶圈接口方式进行连接。

（8）当管径小于22mm的铜及铜合金管道采用承插口插入焊接时，承口的扩张长度不应小于管径，并应迎介质流向安装；采用套管焊接时，套管长度为管道直径的2～2.5倍。铜及铜合金管道管径大于或等于22mm时应采用对口焊接。

（9）暗装在墙内及埋地部分的管道，必须经过合格后方可隐蔽。

9.检查排水管道的安装施工质量。

（1）排水管道须按设计要求或验收规范规定留设一定的坡度。

（2）管道的支、吊、托架应符合施工规范要求，预埋在混凝土中的管道应固定牢固，以免移位。

（3）生活污水管上设置的检查口或清扫口，当设计无要求时应符合下列规定。

① 在立管上应每隔一层设置一个检查口，但在最低层和有卫生器具的最高层必须设置。检查口中心高度距操作地面一般为1m，

允许偏差为±20mm。检查口的朝向应便于检修。暗装立管，在检查口处应安装检修门。

② 在连接2个及2个以上大便器或3个及3个以上卫生器具的污水横管上应设置清扫口。

③ 在转角小于135°的污水横管上，应设置检查口或清扫口。

④ 污水横管的直线管段，应按设计要求的距离设置检查口或清扫口。

（4）地漏及防空地下室的洗消排水口，其尺寸与管道同径，安装应平整，低于排水表面5～10mm，地面应有足够的坡度坡向地漏。

（5）埋设在钢筋混凝土底板中的排水管，当管道埋深超过混凝土底板厚度时，四周应用混凝土包裹，其厚度应符合设计要求和施工规范的规定。若排水管低于底板在500mm以内，可与底板一起浇筑；若低于底板大于500mm时，可与底板分开单独敷设。

（6）埋在地板下的排水管道的检查口，应设在检查井内。井底表面标高与检查口的法兰相平，井底表面应有5％坡度，坡向检查口。

（7）排水塑料管伸缩节的间距必须符合设计要求及位置装设伸缩节，如无设计要求时，伸缩节的间距不得大于4m。排水横管的伸缩节位置必须装设固定支架。

（8）承插铸铁管接口应采用油麻填充或石棉水泥抹口，不得采用水泥砂浆抹口。

10.检查供油管道的安装质量。

（1）油管丝扣连接的填料，应采用甘油和红丹粉的调和物，不得采用铅油麻丝。

（2）油管法兰连接的垫板，应采用两面涂石墨的石棉纸板，不得采用普通橡胶垫圈。

（3）管道、阀门及附件均不得采用镀锌材料制品。

11.检查管道防腐涂漆处理。

（1）安装后不易涂漆的部位应预先涂漆。

（2）涂漆前应清除被涂表面的铁锈、焊渣、毛刺、油、水等污物。

（3）埋地铸铁管，应涂两道沥青漆，再涂一道面漆；工程内明敷的铸铁管，应涂两道防锈漆，再涂一道面漆。

（4）有色金属管、不锈钢管、镀锌钢管，可不涂漆，但接头及破坏处应涂漆。

（5）所有预埋件（非镀锌件）外露出混凝土部分应做防腐处理。

（6）镀锌钢管与法兰的焊接处应做防腐处理（要求采用二次镀锌处理）。

12.检查预埋管及预留孔洞的箱盒封堵质量。

（1）所有预埋管、箱盒及预留孔洞均应在套管内、箱盒内塞填充物，塞堵充实，以防灰浆或杂物进入管盒内。

（2）在支模和混凝土浇筑施工中，应采取防止预埋管、箱盒移位、受损等措施。

13.检查管道阀门安装质量。

（1）安装前检查阀门启闭是否灵活，应按要求抽查的数量做强度和严密性试验。

（2）对于安装在防空地下室作防护阀门及在主干管上起切断作用的闭路阀门，应逐个进行强度和严密性试验。阀门的强度和严密性试验，应按相关规定进行。

（3）给水管道阀门安装固定应符合要求：核 4 级、核 4B 级或 $DN \geqslant 100mm$ 的闸阀应按要求设置支架。

（4）各种阀门启闭方向和管道内介质流向，应标示清晰、准确。

（5）防护阀门应采用阀芯为不锈钢或铜制的闸阀或截止阀。排水不宜用截止阀，进水采用截止阀时宜反向安装。

（6）当给水管道从出入口引入时，应在防护密闭门与密闭门之间的第一道防毒通道内的内侧设置防护阀门；当从人防围护结构引入时，应在人防围护结构的内侧设置防护阀门；穿越防护单元隔墙和上下防护单元间楼板时，应在防护密闭隔墙两侧和防护密闭楼板下侧的管道上设置防护阀门。

（7）排水管道、通气管道穿过人防围护结构时，应在人防围护结构的内侧设置防护阀门。

（8）给水管道、排水管道、通气管道上设置的防护阀门的公称压力不应小于 1.0MPa，人防围护结构内侧距离阀门的近端面不宜大于 200mm。

（9）输油管道当从出入口引入时，应在防护密闭门内设置油用阀门；当从人防围护结构引入时，应在外墙内侧或顶板内侧设置油用阀门，其公称压力不得小于 1.0MPa，该阀门应设置在便于操作处。

（五）防爆地漏安装的质量控制。

1.防爆地漏的密封面应完好无损、无锈蚀，与排水管连接时多采用与镀锌钢管丝扣连接。

2.防爆地漏应为不锈钢或铜材质。

3.篦子的顶面低于该处地面的建筑面层 5～10mm，并有 1% 的坡度坡向地漏。

4.平时地漏处于开启状态位，保证正常排水；战时逆时针旋紧处于密闭状态位。

5.需要定期清扫地漏内部杂物，检查密闭垫是否完好。

（六）给排水管道调试质量控制。

1.室内给水管道安装完毕以后，要求施工单位对整个系统进行试压，试压压力按设计要求。若无设计要求，各种材质的给水管道系统试验压力均为工作压力的 1.5 倍，但不得小于 0.6MPa。给水系统交付使用前必须进行通水试验并做好记录。

2.排水主立管及水平干管管道均应做通球试验。通球球径不得小于排水管道管径的三分之二，通球必须达到100%。

3.隐蔽或埋地的排水管道在隐蔽前应做灌水试验，其灌水高度应不低于底层卫生器具的上边缘或底层地面高度。

4.给水排水系统试验应符合下列要求。

（1）清洁式通风时，水泵的供水量符合设计要求。

（2）过滤式通风时，洗消用水量、饮用水量符合设计要求。

（3）柴油发电站、空调机房冷却设备的进、出水温度、供水量等符合设计要求。

（4）水库（水箱、水池）贮满水时，在24小时内液位无明显下降，在规定时间内能将水或油排净。

（七）洗消器具安装质量控制。

1.检查洗消用的设施安装质量，洗消用的电热淋浴器、喷嘴、冲洗水龙头或冲洗阀的型号，规格必须符合设计要求，具有产品出厂合格证及相关技术文件。

2.电热淋浴器安装应固定牢固，位置准确，管路连接紧密，支架防腐良好，预埋件与墙面平顺。

3.冲洗喷嘴应固定牢固、位置准确、角度适宜，水流交叉喷至目标没有死角，接头严密、不漏水。

4.冲洗水龙头或冲洗阀应位置准确、接口光滑、无外露油麻，连接紧密、不漏水，阀杆与地面垂直，盖板与地面或墙面齐平。

5.口部冲洗阀安装应符合下列要求。

（1）暗装管道时，冲洗阀不突出墙面。

（2）明装管道时，冲洗阀与墙面平行。

（3）冲洗阀配用的冲洗水管和水枪就近设置。

（八）成品保护。

1.安装后的成品实行防护、包裹、覆盖或封闭的方法进行保护。

2.安装好的管道不得用作支撑或放脚手架，不得踏、压，其支、托、吊架不得作为其他用途的受力点。

3.施工过程中，所有管道向上敞口的，均需采用防堵措施。

4.浇筑混凝土时应有专人监督，防止预埋件振动、位移或倾斜。

第四节
通风与空调工程施工质量控制

一、施工准备阶段的质量预控

（一）熟悉图纸，了解通风系统的具体组成，对于平、战结合工程，战时图纸由人防专业设计单位设计，平时图纸由另一家设计单位设计，两套施工图纸应互不矛盾，且必须符合人防相关规范的要求。

（二）除熟悉房屋建筑工程的相关施工及施工质量验收规范外，还应熟悉与防空地下室通风工程相关的专业规范、图集及施工质量验收要求。

（三）所使用的主要原材料、成品、半成品和设备的材质、规格和性能应符合设计文件及国家现行标准的有关规定。

（四）不得使用国家和国家人防主管部门明令禁止使用和淘汰的材料、设备和防护（防化）设备。

二、穿过染毒区的金属风管制作和连接质量控制

（一）风管的规格、尺寸必须符合设计要求。染毒区风管应采用厚度2～3mm的钢板焊接成型。主体内通风管与配件的钢板厚度

应符合设计要求。当设计无具体要求时，钢板厚度应大于 0.75mm。

（二）焊接焊缝应饱满、均匀、严密，不应有凸瘤、穿透的夹渣和气孔、裂缝等其他缺陷。风管与法兰焊接连接的焊缝应低于法兰的端面。

（三）防空地下室口部染毒区风管与风管连接时，应采用焊接，风管与密闭阀门等设备应采用带密封槽的法兰连接，其接触应平整，法兰厚度应大于 5mm。

（四）染毒区通风管与设备连接法兰之间应采用单层整圈无接口橡胶密封圈，其厚度不小于 4mm。

（五）穿过有防护密闭要求的墙体时应预埋密闭穿墙短管。

三、滤尘器、过滤吸收器安装质量控制

（一）各种设备型号、规格、额定风量必须符合设计要求。进场设备必须具有国家人防行政主管部门的准入条件并质量合格。

（二）过滤吸收器外壳应无损伤、碰伤或穿孔等影响密闭效果的情况。

（三）法兰表面与风管中心线垂直，法兰外径与所连接的设备相同；焊缝严密，无漏焊；法兰外沿光滑，焊缝均匀、无气孔。

（四）油网滤尘器安装应符合下列规定。

1. 安装滤尘器前，应对每块滤尘器做加固处理：在网孔小的一侧四周外框上用扁钢做"井"字形加固。

2. 管式安装时，设备与通风管道采用柔性连接的安装方式。

3. 立式安装是把滤尘器安装在进风通路的墙洞上的安装方式。当滤尘器数量超过 4 个时，必须用立式安装。滤尘器外框采用膨胀螺栓与墙体紧密连接；当两个滤尘器重叠安装时，滤尘器之间应加设垫片，保证连接严密。

4. 滤尘器安装时要求平整，管道间、管道与法兰间均应采用焊接，焊缝应满焊，严密不漏气。

5.除尘器前后设有测压管并连接在微压计上，使用过程中，当测定设备阻力升至终阻力时，应清洗或更换滤尘器。

6.安装时应将网孔大的一端迎风，网孔小的一端背风。

7.滤尘器之间的连接应严密，漏风处用浸油麻丝及腻子填实。

8.油漆要求：涂红丹防锈底漆两道，外壁复涂灰色调和漆两道。

（五）过滤吸收器安装应符合下列规定。

1.设备必须水平安装，安装时气流方向必须与设备要求一致；固定牢固，连接严密，不漏气；螺母在同一侧，排列整齐。

2.过滤吸收器应安装在支架上，并同周围留有一定间距，以便安装和检修。当多台设备垂直安装时，叠设的支架不应妨碍设备的拆除。

3.过滤吸收器的总出风口应设置尾气监测取样管。

4.过滤吸收器与风管的连接应采用柔性连接。

5.当需选择多台过滤吸收器时，宜选择同型号设备，并宜保持空气通过每台过滤吸收器的路径相同。

6.过滤吸收器两端封堵板不得打开。

四、密闭阀门安装质量控制

（一）安装前应进行检查，其气密性能应符合产品技术要求，其型号、规格必须符合设计要求。

（二）阀门可安装在水平或垂直的管道上，应保证操作、维修或更换方便。

（三）安装前应放在室内干燥处，使阀门板处于关闭位置，橡胶密封面上不允许有任何油脂物质，以防腐蚀，壳体密封面上必须涂防锈剂。

（四）安装时，阀门标志压力的箭头方向必须与所受冲击波方向一致，即进风管路箭头方向与气流方向一致，排风管路箭头方向与气流方向相反。

（五）应调整开关指示针，使指示针位置与阀门板的实际开关位置相同，启闭手柄的操作位置应准确。应清洁内腔和密封面，不允许有污物附着，未清洁前切不可启闭阀门板。

（六）手电动两用密闭阀门在安装时，应对减速器和齿轮联轴进行检查，用不含水分的煤油将零件上涂的防腐油洗去，滚动轴承应用汽油洗净吹干，减速器内应加入清洁的润滑油，注油量要达到螺杆齿面。

（七）阀门应用支架或吊钩固定，吊钩不得吊在手柄及锁紧装置上，严禁用射钉安装。

（八）阀门使用时要求全开或全闭，不能做调节流量用。

（九）阀门安装时，手柄端应留有一定的操作距离，阀门距墙或顶板 150～200mm。

（十）通风管段上，两个串联密闭阀门中心距不小于阀门内径。

（十一）所有连接螺栓应均匀旋紧，密闭不透风。

五、通风管线安装质量控制

（一）压差测量管的安装应符合下列规定。

1.测量管设在滤尘器的前后两端。滤尘器管式安装时，测量管分别设在滤尘器前后的风管上；滤尘器立式安装时，测量管分别伸至安装滤尘器墙的两侧。

2.测量管采用热镀锌钢管，管径 $DN15$，每根管的末端均设球阀（或旋塞阀、闸阀）。

3.测量管与风管连接处采用焊接方式，焊缝处均满焊，密闭不漏气。

（二）放射性监测取样管的安装应符合下列规定。

1.放射性检测取样管设在滤尘器的前端，取样管末端设在滤毒室内。

2.取样管采用热镀锌钢管，管径 $DN32$，管口位于风管中心，并有迎气流的 $90°$ 弯头，管的末端设球阀（或闸阀）。

3.取样管与风管连接处采用焊接方式，焊缝处均满焊，密闭不漏气。

（三）尾气监测取样管的安装应符合下列规定。

1.在过滤吸收器的总出风口处，设置尾气监测取样管。

2.取样管采用热镀锌钢管，管径 $DN15$，管口位于风管中心，并有迎气流的 $90°$ 弯头，管的末端设截止阀（或闸阀）。

3.取样管与风管连接处采用焊接方式，焊缝处均满焊，密闭不漏气。

（四）增压管的安装应符合下列规定。

1.增压管入口设在进风机总出口处风管上，出口设在清洁式进风两道密闭阀门之间的风管上。

2.增压管采用热镀锌钢管，管径 $DN25$，管路中设球阀。

3.增压管与风管连接处采用焊接方式，焊接处均满焊，密闭不漏气。

（五）测压管的安装应符合下列规定。

1.测压装置设在值班室或防化通信值班室，测压管一端引至室外空气压力零点处，管口朝下。测压管可预埋在顶板内，也可在顶板下明设，严禁设置在竖井内；通过防毒通道的测压管，其接口应采用焊接；穿密闭墙处应加密闭肋。

2.测压管采用热镀锌钢管，管径 $DN15$，清洁区内连接测压装置的一段设球阀或旋塞阀。

3.测压管与测压计的连接采用橡胶软管连接。

（六）气密性测量管的安装应符合下列规定。

1.测量管设置在工程口部防毒（密闭）通道每道防护密闭门和密闭门的门框墙上。

2.测量管采用热镀锌钢管，管径 $DN50$，也可以使用电气战时备用管代替。

3. 测量管两端可采用套外丝加管帽或套内丝加丝堵的封堵方式。

4. 气密性测量管的安装高度宜为距地面 1.8m。

六、排烟管与附件安装质量控制

（一）排烟管材质应符合设计要求。当采用焊接钢管时，其壁厚应大于 3mm，管道连接宜采用焊接。当采用法兰连接时，法兰面应平整，并应有密封槽，法兰之间应衬垫耐热胶垫。

（二）埋设于混凝土内的铸铁排烟管，宜采用法兰连接。

（三）排烟管应沿轴线方向设置热胀补偿器。单向套管伸缩节应与前后排烟管同心。柴油机排烟管与排烟总管的连接端应有缓冲设施。

（四）防排烟系统柔性短管的制作材料必须为不燃材料。

（五）排烟管的安装应符合下列规定。

1. 坡度应大于 0.5%，放水阀应设在最低处。

2. 清扫孔堵板应有耐热垫层，并固定严密。

3. 当排烟管穿越隔墙时，其周围空隙应采用石棉绳填充密实。

4. 排风管与排烟道连接处，应预埋带有法兰及密闭翼环的密闭穿墙短管。

第五节
建筑电气安装工程施工质量控制

一、施工质量预控

（一）建筑电气工程施工现场的质量管理除应符合《人民防空

工程质量验收与评价标准》（RFJ 01—2015）第 3.1.1 条规定外，还应符合下列规定。

1. 安装电工、焊工、起重吊装工和电力系统调试等人员应持证上岗。

2. 安装和调试用各类计量器具应鉴定合格，且使用时应在鉴定有效期内。

（二）额定电压交流 50V 及以下、直流 120V 及以下的应为特低压电气设备、器具和材料；额定电压交流 50～1.0kV（含1.0kV）、直流 120～1.5kV（含 1.5kV）及以下的应为低压电气设备、器具和材料；额定电压大于交流 1.0kV、直流大于 1.5kV 的应为高压电气设备、器具和材料。

（三）对主要设备、材料、成品和半成品进场应进行验收。

1. 主要设备、材料、成品和半成品应进场验收合格，并做好验收记录和验收资料归档。当设计有技术参数要求时，应核对其技术参数，并确保符合设计要求。

2. 实行生产许可证或强制性认证（CCC 认证）的产品，应有许可证编号或 CCC 认证标志，应抽查生产许可证或 CCC 认证证书的认证范围、有效性及真实性。

3. 新型电气设备、器具和材料进场验收时应提供安装、使用、维修和试验要求等技术文件。

4. 进口电气设备、器具和材料进场验收时应提供质量合格证明文件，性能检测报告以及安装、使用、维修、试验要求和说明等技术文件；对有商检规定要求的进口电气设备，尚应提供商检证明。

5. 当主要设备、材料、成品和半成品的进场验收需进行现场抽样检测或因有异议送有资质试验室抽样检测时，应符合规范规定。

（四）对变压器，成套配电柜（台、箱）和配电箱（盘），柴油发电机组，开关、插座，照明灯具，接地装置等安装前及导管敷设前的工序交接应进行确认。

（五）电气设备应选用防潮性能好的定型产品。

二、电缆线路工程施工质量控制

（一）进出防空地下室的动力、照明线路，应采用电缆或护套线。电缆和电线应采用铜芯电缆和电线。

（二）各人员出入口和连通口的防密门门框墙、密闭门门框墙上均应预埋 4～6 根备用管，管径 50～80mm，管壁厚度不小于 2.5mm 的热镀锌钢管，并应采取防护密闭措施。

（三）各类母线不得直接穿过临空墙、防护密闭隔墙、密闭隔墙；当必须穿过时，需采用防护密闭母线，并应采取防护密闭措施。

（四）梯架、托盘和槽盒不得不得直接穿过临空墙、防护密闭隔墙、密闭隔墙；当必须穿过时，应改为穿管敷设，并应采取防护密闭措施。

（五）金属梯架、托盘和槽盒安装质量控制。

1. 金属梯架、托盘和槽盒本体之间的连接应牢固可靠，与保护导体的连接应符合下列规定。

（1）梯架、托盘和槽盒全长不大于 30m 时，不应少于 2 处与保护导体可靠连接；全长大于 30m 时，每隔 20～30m 应增加 1 个连接点，起始端和终点段均应可靠接地。

（2）非镀锌梯架、托盘和槽盒本体之间连接板的两端应跨接保护联结导体，保护联结导体的截面积应符合设计要求。

（3）镀锌梯架、托盘和槽盒本体之间不跨接保护联结导体时，连接板每端不应少于 2 个有防松螺帽或防松垫圈的连接固定螺栓。

2. 电缆梯架、托盘和槽盒转弯、分支处宜采用专用连接配件，其弯曲半径不应小于梯架、托盘和槽盒内电缆最小允许弯曲半径，电缆最小允许弯曲半径应符合表 2-12 规定。

表 2-12　电缆最小允许弯曲半径

电缆形式		电缆外径 D/mm	多芯电缆	单芯电缆
塑料绝缘电缆	无铠装		15D	20D
	有铠装		12D	15D
橡皮绝缘电缆			10D	
控制电缆	非铠装型、屏蔽型软电缆	—	6D	
	铠装型、铜屏蔽型		12D	—
	其他		10D	
铝合金导体电力电缆			7D	
氧化镁绝缘刚性矿物绝缘电缆		<7	2D	
		≥7,且<12	3D	
		≥12,且<15	4D	
		≥15	6D	
其他矿物绝缘电缆		—	15D	

3. 当直线段钢制或塑料梯架、托盘和槽盒长度超过 30m，铝合金或玻璃钢制梯架、托盘和槽盒长度超过 15m 时，应设置伸缩节；当梯架、脱焊和槽盒跨越建筑物变形缝处时，应设置补偿装置。

4. 梯架、托盘和槽盒与支架间及与连接板的固定螺栓应紧固无遗漏，螺母应位于梯架、托盘和槽盒外侧。当铝合金梯架、托盘和槽盒与钢支架固定时，应有相互间绝缘的防电化腐蚀措施。

5. 当设计无要求时，梯架、托盘和槽盒及支架安装应符合下列规定。

（1）电缆梯架、托盘和槽盒与一般工艺管道的最小净距：平行净距：400mm，交叉净距：300mm。

（2）配线槽盒与水管同侧上下敷设时，宜安装在水管上方。

（3）敷设在电气竖井内穿楼板处和穿越不同防火区的梯架、托盘和槽盒，应有防火隔堵措施。一级负荷两电源在同一梯架、托盘和槽盒敷设时，除矿物类绝缘不燃性电缆外，在梯架、托盘和槽盒中设置防火隔断措施。

（4）水平安装的支架间距宜为 $1.5\sim3.0\mathrm{m}$，垂直安装的支架间距不应大于 2m。

（5）采用金属吊架固定时，圆钢直径不得小于 8mm，并应有防晃支架，在分支处或端部 $0.3\sim0.5\mathrm{m}$ 处应有固定支架。

6.支吊架设置应符合设计或产品技术文件要求，支吊架安装应牢固、无明显扭曲；与预埋件焊接时，焊缝应饱满；膨胀螺栓固定时，螺栓应选用适配、防松零件齐全、连接紧固。

7.金属支架应按设计要求进行防腐等处理。

（六）电缆敷设质量控制。

1.金属电缆支架必须与保护导体可靠连接。

2.电缆敷设不得存在绞拧、铠装压扁、护层断裂和表面严重划伤等缺陷。

3.当电缆敷设存在可能受到机械外力损伤、振动、浸水及腐蚀性或污染物质等损害时，应采取防护措施。

4.除设计要求外，并联使用的电力电缆的型号、规格、长度应相同。

5.交流单芯电缆或分相后的每相电缆不得单根独穿于钢导管内，固定用的夹具和支架不应形成闭合磁路。

6.当电缆穿过零序电流互感器时，电缆金属保护层和接地线应对地绝缘。对穿过零序电流互感器后制作的电缆头，其电缆接地线应回穿互感器后接地；对尚未穿过零序电流互感器的电缆接地线应在零序电流互感器前直接接地。

7.电缆的敷设和排列布置应符合设计要求，矿物绝缘电缆敷设在温度变化大的场所、振动场所或穿越结构缝时应采取"S"或"Ω"弯。

8.电缆敷设应符合下列规定。

（1）电缆的敷设排列应顺直、整齐，并宜少交叉。

（2）电缆转弯处的最小弯曲半径应符合要求。

（3）在电缆沟或电气竖井内垂直敷设或大于45°倾斜敷设的电缆应在每个支架上固定。

（4）在梯架、托盘或槽盒内大于45°倾斜敷设的电缆应每隔2m固定，水平敷设的电缆，首尾两端、转弯两侧及每隔5～10m处应设固定点。

（5）当设计无要求时，电缆支持点间距应符合相关施工质量验收规范规定。

9.直埋电缆的上、下应有细沙或软土，回填土应无石块、砖头等尖锐硬物。

10.电缆的首端、末端和分支处应设标志牌，直埋电缆应设标志桩。

11.电缆梯架、托盘和槽盒穿过防护密闭或密闭墙体时，应在墙体两端断开，改为穿过密闭穿墙管。

三、导管敷设质量控制

（一）金属导管应与保护导体可靠连接，并符合下列规定。

1.镀锌钢导管、可弯曲金属导管和金属柔性导管不得熔焊连接。

2.当非镀锌钢导管采用螺纹连接时，连接处的两端应熔焊焊接保护联结导体。

3.镀锌钢导管、可弯曲金属导管和金属柔性导管连接处的两端宜采用专用接地卡固定保护联结导体。

4.机械连接的金属导管，管与管、管与盒（箱）体的连接配件应选用配套部件，其连接应符合产品技术文件要求，当连接处的接触电阻值符合现行国家标准《电气安装用导管系统 第1部分：通用要求》（GB/T 20041.1）的相关要求时，连接处可不设置保护联结导体，但导管不应作为保护导体的接续导体。

5.金属导管与金属梯架、托盘连接时，镀锌材质的连接端宜用专用接地卡固定保护联结导体，非镀锌材质的连接处应熔焊焊接保护联结导体。

6.以专用接地卡固定的保护联结导体应为铜芯软导线，截面积不应小于 $4mm^2$；以熔焊焊接的保护联结导体宜为圆钢，直径不应小于 6mm，其搭接长度应为圆钢直径的 6 倍。

（二）钢导管不得采用对口熔焊连接；镀锌钢导管或壁厚小于或等于 2mm 的钢导管，不得采用套管熔焊连接。

（三）暗配钢导管应与结构钢筋点焊牢固。电缆、电线暗配敷设完毕后，暗配管管口应密封。

（四）电缆、电线暗配管穿越有防护密闭或密闭要求的墙体、板时，应在墙体两侧设置过线盒，盒内不得有接线头。过接线盒穿线后应密封，并加厚度不小于 3mm 的热镀锌钢板制作的盖板。

（五）导管的弯曲半径应符合下列规定。

1.明配导管的弯曲半径不宜小于管外径的 6 倍，当两个接线盒间只有一个弯曲时，其弯曲半径不宜小于管外径的 4 倍。

2.埋设于混凝土内的导管的弯曲半径不宜小于管外径的 6 倍，当直埋于地下时，其弯曲半径不宜小于管外径的 10 倍。

3.电缆导管的弯曲半径不应小于电缆最小允许弯曲半径。

（六）导管支架安装应符合下列规定。

1.当导管采用金属吊架固定时，圆钢直径不得小于 8mm，并应设置防晃支架，在距离盒（箱）、分支处或端部 0.3～0.5m 处应设置固定支架。

2.金属支架应进行防腐，位于室外及潮湿场所的应按设计要求做处理。

3.导管支架应安装牢固、无明显扭曲。

（七）除设计要求外，对于暗配的导管，导管表面埋设深度应不小于 15mm。

（八）进入配电（控制）柜、台、箱内的导管管口，当箱底无封板时，管口应高出柜、台、箱、盘的基础面 50～80mm。

（九）明配的电气导管应符合下列规定。

1.导管应排列整齐、固定点间距均匀、安装牢固。

2.在距终端、弯头中点或柜、台、箱、盘等边缘 150～500mm 范围内应设有固定管卡，中间直线固定管卡间的最大距离应根据导管种类、直径按《建筑电气工程施工质量验收规范》（GB 50303）要求确定。

3.明配管采用的接线或渡盒（箱）应选用明装盒（箱）。

（十）导管敷设应符合下列规定。

1.导管穿越外墙时应设置防水套管，且应做好防水处理。

2.钢导管或刚性塑料导管跨越防空地下室结构缝处应设置补充装置。

3.除埋设于混凝土内的钢导管内壁应防腐处理，外壁可不做防腐处理外，其余场所敷设的钢导管内、外壁均应做防腐处理。

（十一）防爆波电缆井施工应符合下列规定。

1.由室外地下进、出防空地下室的强电或弱电线路，应分别设置强电或弱电防爆波电缆井。

2.防爆波电缆井宜设置在紧靠人防围护结构墙的外侧或顶板的上方。

3.井内不得有渗漏水。

4.井内除应有设计需要的穿墙管数量外，还应预埋 4～6 根备用管，管径为 50～80mm，管壁厚度不小于 2.5mm 的热镀锌钢管。

四、变压器安装质量控制

防空地下室内部的变压器应采用防潮性能好的干式变压器，不宜采用空气干式绝缘的变压器；断路器和电容器等高、低压电器设备，应采用无油的设备。

（一）变压器安装位置正确，附件齐全。

（二）变压器中性点的接地连接方式及接地电阻值应符合设计要求。

（三）干式变压器的支架、基础型钢及外壳应分别单独与保护导体可靠连接，紧固件及防松零件齐全。

（四）配电间隔和静止补偿装置栏杆门应采用裸编织铜线与保护导体可靠连接，其截面积应不小于 $4mm^2$。

（五）有载调压开关的传动部分润滑应良好，动作应灵活，点动给定位置与开关实际位置应一致，自动调节应符合产品的技术文件要求。

（六）绝缘件应无裂纹、缺损和瓷件瓷釉损坏等缺陷，外表应清洁，测温仪表指示应准确。

（七）装有滚轮的变压器就位后，应将滚轮用能拆卸的制动部件固定。

（八）变压器应按产品技术文件要求进行器身检查，当满足下列条件之一时，可不检查器身。

1.制造厂规定不检查器身。

2.就地生产仅作短途运输的变压器，且在运输过程中有效监督，无紧急制动、剧烈震动、冲撞或严重颠簸等异常情况。

（九）对有防护等级要求的变压器，与其高压或低压及其他用途的绝缘盖板上开孔时，应符合变压器的防护等级要求。

五、成套配电柜（台、箱）和配电箱（盘）安装质量控制

动力、照明配电柜（箱），除因功能需要必须设在染毒区的，其余均应设在清洁区，并靠近负荷中心和便于操作维护处；配电箱设置在清洁区的值班室或防化通信值班室内是为了保证战时这些设

备不致受到污染及管理、安全、操作、控制、使用方便，以保证人防工事内战时正常供电。专业队装备掩蔽部、汽车库等室内无清洁区，配电箱可设置在染毒区内。

（一）柜、台、箱的金属框架及基础型钢应与保护导体可靠连接。对于装有电器的可开启门，门和金属框架的接地端子间应选用截面积不小于 $4mm^2$ 的黄绿色绝缘铜芯软导线连接，并应有标识。

（二）柜、台、箱、盘等配电装置应有可靠的防电击保护。装置内保护接地导体（PE）排应有裸露的连接外部保护接地导体的端子，并应可靠连接。当设计未作要求时，连接导体最小截面积应符合现行国家标准《低压配电设计规范》（GB 50054）的规定。

（三）对于低压成套配电柜、箱及控制柜（台、箱）间线路的线间和线对地间绝缘电阻值，馈电线路不应小于 $0.5M\Omega$，二次回路不应小于 $1M\Omega$；二次回路的耐压试验电压应为 1000V，当回路绝缘电阻值大于 $10M\Omega$ 时，应采用 2500V 兆欧表代替，试验持续时间应为 1 分钟或符合产品技术文件要求。

（四）柜、箱、盘内电涌保护器（SPD）安装应符合下列规定。

1. SPD 的型号规格及安装布置应符合设计要求。

2. SPD 的接线形式应符合设计要求，接地导线的位置不宜靠近出线位置。

3. SPD 的连接导线应平直、足够短，且不宜大于 0.5m。

（五）照明配电箱（盘）安装应符合下列规定。

1. 箱（盘）内配线应整齐、无绞接现象；导线连接应紧密、不伤线芯、不断股；垫圈下螺钉两侧压的导线截面积应相同，同一电器器件端子上的导线连接不应多于 2 根，防松垫圈等零件应齐全。

2. 箱（盘）内开关动作应灵活可靠。

3. 箱（盘）内宜分别设置中性导体（N）和保护接地导体（PE）汇流排，汇流排上同一端子不应连接不同回路的 N 或 PE。

（六）防空地下室内各种动力配电箱、照明箱、控制箱不得在防护密闭或密闭墙体上嵌墙暗装。若必须设置时，应采用挂墙明装。

（七）三种通风方式信号装置设置应符合下列规定。

1.设有清洁式、滤毒式、隔绝式三种通风方式的防空地下室，应在每个防护单元内设置三种通风方式信号装置系统。

2.三种通风方式信号控制箱应设置在值班室或防化通信值班室内。

3.灯光信号和音响应采用集中或自动控制。

4.根据设计要求，在需要设置的地方〔战时进风机室、排风机室、防化通信值班室、值班室、柴油发电机房、电站控制室、配电室及人员出入口（包括连通口）最里一道密闭门内侧和其他需要设置的地方〕应设置显示三种通风方式的灯箱和音响装置，应采用红色灯光表示隔绝式，黄色灯光表示滤毒式，绿色灯光表示清洁式，并加注文字标识。

（八）设有清洁式、滤毒式、隔绝式三种通风方式的防空地下室，每个防护单元战时人员主要出入口防护密闭门外侧，应设置防爆音响信号按钮，其安装位置应符合设计要求，按钮应固定牢固、防护可靠、联络顺畅。

（九）基础型钢安装允许偏差应符合规定：不直度、水平度允许偏差为 1.0mm/m，不直度、水平度及不平行度允许偏差为 5.0mm/全长。

（十）柜、台、箱、盘的布置及安装间距应符合设计要求。

（十一）柜、台、箱相互间或与基础型钢间应用镀锌螺栓连接，且防松零件应齐全。当设计有防火要求时，柜、台、箱的进出口应做防火封堵，并应封堵严密。

（十二）柜、台、箱、盘应安装牢固，且不应设置在水管的正下方。柜、台、箱、盘安装垂直度允许偏差不应大于 1.5‰，相互间接缝不应大于 2mm，成列盘面偏差不应大于 5mm。

（十三）柜、台、箱、盘内检查试验应符合下列规定。

1.控制开关及保护装置的规格、型号应符合设计要求。

2.闭锁装置动作应准确、可靠。

3.主开关的辅助开关切换动作应与主开关动作一致。

4.柜、台、箱、盘上的标识器件应标明被控设备编号及名称或操作位置，接线端子应有编号，且清晰、工整、不易脱色。

5.回路中的电子元件不应参加交流工频耐压试验，50V及以下回路可不做交流工频耐压试验。

（十四）柜、台、箱、盘间配线应符合下列规定。

1.二次回路接线应符合设计要求，除电子元件回路或类似回路外，回路的绝缘导线额定电压不应低于 450/750V；对于铜芯绝缘导线或电缆的导体截面积，电流回路不应小于 $2.5mm^2$，其他回路不应小于 $1.5mm^2$。

2.二次回路连接应成绑扎，不同电压等级、交流、直流线路及计算机控制线路应分别绑扎，且应有标识。固定后不应妨碍手车开关或抽出式部件的拉出或推入。

3.线缆的弯曲半径不应小于线缆允许弯曲半径。

4.导线连接不应损伤线芯。

（十五）照明配电箱（盘）安装应符合下列规定。

1.箱体开孔应与导管管径适配，暗装配电箱箱盖应紧贴墙面，箱（盘）涂层应完整。

2.箱（盘）内回路编号应齐全，标识应整齐。

3.箱（盘）应采用不燃材料制作。

4.箱（盘）应安装牢固、位置正确、部件齐全，安装高度应符合设计要求，垂直度允许偏差不应大于 1.5‰。

六、开关、插座安装质量控制

（一）当交流、直流或不同电压等级的插座安装在同一场所时，应有明显的区别，插座不得互换；配套的插头应按交流、直流或不同电压等级区别使用。

（二）不间断电源插座及应急电源插座应设置标识。

（三）插座接线应符合下列要求。

1.对于单相两孔插座，面对插座的右孔或上孔应与相线连接，左孔或下孔应与中性导体（N）连接；对于单相三孔插座，面对插座的右孔应与相线连接，左孔应与中性导体（N）连接。

2.单相三孔、三相四孔及三相五孔插座的保护接地导体（PE）应接在上孔；插座的保护接地导体端子不得与中性导体端子连接，同一场所的三相插座，其接线的相序应一致。

3.保护接地导体（PE）在插座之间不得串联连接。

4.相线与中性导体（N）不应利用插座本体的接线端子转接供电。

（四）暗装的插座盒或开关盒应与饰面平齐，盒内干净整洁，无锈蚀，绝缘导线不得裸露在装饰层内；面板应紧贴饰面、四周无缝隙、安装牢固，表面光滑、无碎裂、划伤，装饰帽（板）齐全。

（五）插座安装应符合下列规定。

1.插座安装高度应符合设计要求，同一室内相同规格并列安装的插座高度宜一致。

2.地面插座应紧贴饰面，盖板应固定牢固、密封良好。

（六）照明开关安装应符合下列规定。

1.照明开关安装高度应符合设计要求。

2.开关安装位置应便于操作，开关边缘距门框边缘的距离宜为0.15～0.20m。

3.相同型号并列安装高度宜一致，并列安装的拉线开关的相邻间距不宜小于20mm。

七、照明灯具安装质量控制

（一）灯具固定应符合下列规定。

1.灯具固定应牢固可靠，在砌体和混凝土结构上严禁使用木楔、尼龙塞或塑料塞固定。

2.重量大于 10kg 的灯具，固定装置及悬吊装置应按灯具重量的 5 倍恒定均布载荷做强度试验，且持续时间不得少于 15min。

（二）悬吊式灯具安装应符合下列规定。

1.带升降器的软线吊灯在吊线展开后，灯具下沿高于工作台面 0.3m。

2.重量大于 0.5kg 的软线吊灯，灯具的电源线不应受力。

3.重量大于 3kg 的悬吊灯具，固定在螺栓或预埋吊钩上，螺栓或预埋吊钩的直径不应小于灯具挂销直径，且不应小于 6mm。

4.灯具与固定装置及灯具连接件之间采用螺纹连接的，螺纹啮合扣数不应少于 5 扣。

（三）当室内净高较低或平时使用需要而选用吸顶灯时，应在临战时加设防掉落保护网。吸顶或墙面上安装的灯具，其固定用的螺栓或螺钉不应少于 2 个，灯具应紧贴饰面。

（四）由接线盒引至嵌入式灯具或槽灯的绝缘导线应符合下列规定。

1.绝缘导线应采用柔性导管保护，不得裸露，且不应在灯槽内明敷。

2.柔性导管与灯具壳体应采用专用接头连接。

（五）普通（或专用）灯具的 I 类灯具外露可导电部分必须采用铜芯软导线与保护导体可靠连接，连接处应设置接地标识，铜芯软导线的截面积应与进入灯具的电源线截面积相同。

（六）除采用安全电压以外，当设计无要求时，敞开式灯具的灯头对地面距离应大于 2.5m。

（七）引向单个灯具的绝缘导线截面积应与灯具功率相匹配，绝缘铜芯导线的线芯截面积不应小于 $1mm^2$。

（八）灯具的外形、灯头及其接线应符合下列规定。

1.灯具及其配件应齐全，不应有机械损伤、变形、涂层剥落和灯罩破裂等缺陷。

2.软线吊灯的软线两端应做保护扣，两端线芯应搪锡。当装升降器时，应采用安全灯头。

3.除敞开式灯具外，其他各类容量在 100W 及以上的灯具，引入线应采用瓷管、矿棉等不燃材料作隔热保护。

4.连接灯具的软线应盘扣、搪锡压线，当采用螺口灯头时，相线应接于螺口灯头中间的端子上。

5.灯座的绝缘外壳不应破损和漏电。带有开关的灯座，开关手柄应无裸露的金属部分。

（九）从防护区内引到非防护区的照明电源回路，当防护区内和非防护区灯具共用一个电源回路时，应在防护密闭门内侧、临战封堵处内侧设置短路保护装置，或对非防护区的灯具设置单独回路供电。

（十）高低压配电设备、裸母线及电梯曳引机的正上方不应安装灯具。

（十一）应急灯具安装应符合下列规定。

1.消防应急照明回路的设置除应符合防火设计要求外，尚应符合防火分区设置的要求，穿越不同防火分区时应采取防火隔堵措施。

2.EPS 供电的应急灯具安装完毕后，应检查 EPS 供电运行的最少持续供电时间，并应符合设计要求。

3.安全出口指示标志灯设置应符合设计要求。

4.疏散指示标志灯安装高度及设置部位应符合设计要求。

5.疏散指示标志灯的设置，不应影响正常通行，且不应在其周围设置容易混同疏散标志灯的其他标志牌等。

6.疏散指示标志灯工作应正常，并符合设计要求。

7.消防应急照明线路在非燃烧体内穿钢导管暗敷，暗敷钢导管保护层厚度不小于30mm。

8.多个防护单元的防空地下室，应在战时连通口防护密闭门两侧设置战时疏散指示标志灯。

八、接地装置安装质量控制

（一）防空地下室室内应将下列导电部分做等电位连接：保护接地干线；电气装置人工接地极的接地干线或总接地端子；室内的公用金属管道，如通风管、给水管、电缆或电线的穿线管；工程结构中的金属构件，如防护密闭门、密闭门、防爆波活门的金属门框等；室内的电气设备金属外壳；电缆金属外护层。

（二）接地装置的设置应符合下列规定。

1.应利用防空地下室的结构钢筋和桩基内钢筋做自然接地体，当接地电阻值不能满足要求时，可在室内或室外加设人工接地体。

2.利用结构钢筋网做接地体时，纵横钢筋交叉点宜采用焊接，所有接地装置必须连接成电气通路；所有接地装置的焊接必须牢固可靠。

3.保护线（PE）应与各接地体相连，并保证有良好的电气通路，保护线的干线宜采用不小25mm×4mm的镀锌扁钢或直径不小于12mm的圆钢；保护分支线宜采用25mm×3mm的镀锌扁钢。保护线（PE）上，严禁设置开关或熔断器。

4.设有消防控制室和通信设备的防空地下室应设专用接地线引至总接地体。

注：以上（一）、（二）为《人民防空地下室设计规范》（GB 50038—2005）的规定，应注意其与验收规范表述的区别。

（三）接地装置在地面以上的部分，应按设计要求设置测试点，测试点不应被外墙饰面遮蔽，且应有明显标识。

（四）接地装置的接地电阻值应符合设计要求。

（五）接地装置的材料规格、型号应符合设计要求。

（六）当接地电阻达不到设计要求需采取措施降低接地电阻时，应符合下列规定。

1. 采用降阻剂时，降阻剂应为同一品牌的产品，调制降阻剂的水应无污染和杂物。降阻剂应均匀灌注于垂直接地体周围。

2. 采取换土或将人工接地体外延至土壤电阻率较低处时，应掌握有关的地质结构资料和地下土壤电阻率的分布，并做好记录。

3. 采用接地模块时，接地模块的顶面埋深不应小于 0.6m，接地模块间距不应小于模块长度的 3～5 倍。接地模块埋设基坑宜为模块外形尺寸的 1.2～1.4 倍，且应详细记录开挖深度内的地层情况。接地模块应垂直或水平就位，并应保持原土层接触良好。

（七）当设计无要求时，接地装置顶面埋设深度不应小于 0.6m，且应在冻土层以下。圆钢、角钢、钢管、铜棒、铜管等接地极应垂直埋入地下，间距不应小于 5m。人工接地体与建筑物的外墙或基础之间的水平距离不宜小于 1m。

（八）接地装置的焊接应采用搭焊接，除埋设在混凝土中的焊接街头外，应采取防腐措施，焊接搭接长度应符合下列规定。

1. 扁钢与扁钢搭接不应小于扁钢宽度的 2 倍，且应至少三面施焊。

2. 圆钢与圆钢搭接不应小于圆钢直径的 6 倍，且应双面施焊。

3. 圆钢与扁钢搭接不应小于圆钢直径的 6 倍，且应双面施焊。

4. 扁钢与钢管，扁钢与角钢焊接，应紧贴角钢外侧两面，或紧贴 3/4 钢管表面，上下两侧施焊。

（九）当接地极为铜材和钢材组成，且铜与铜与钢材连接采用热剂焊时，接头应无贯穿性的气孔且表面平滑。

九、柴油发电机组安装质量控制

汽油有较强的挥发性，位于地下的防空地下室使用汽油发电机组极易发生火灾，所以从安全考虑，发电机组应采用柴油发电机组，严禁采用汽油发电机组。

（一）对于发电机组至配电柜馈电线路的相间、相对地间的绝缘电阻值，低压馈电线路不应小于 $0.5M\Omega$，高压馈电线路不应小于 $1M\Omega/kV$。绝缘电缆馈电线路直流耐压试验应符合现行国家标准《电气装置安装工程　电气设备交接试验标准》（GB 50150）的规定。

（二）柴油发电机馈电线路连接后，两端的相序应与原供电系统的相序一致。

（三）当柴油发电机并列运行时，应保证其电压、频率和相位一致。

（四）发电机的中性点接地连接方式及接地电阻值应符合设计要求，接地螺栓防松零件齐全，且有标识。

（五）发电机本体和机械部分的外露可导电部分应分别与保护导体可靠连接，并有标识。

（六）燃油系统的设备及管道的防静电接地应符合设计要求。

（七）发电机组随机的配电柜、控制柜接线应正确，紧固件紧固状态良好，无遗漏脱落。开关、保护装置的型号、规格正确，验证出厂试验的锁定标记应无移位，有移位的应重新试验标定。

（八）受电侧配电柜的开关设备、自动或手动切换装置和保护装置等的试验应合格，并应按设计的自备电源使用分配预案进行负荷试验，机组应连续运行无故障。

柴油电站平战转换要求：中心医院、急救医院的柴油电站应平时全部安装到位；甲类防空地下室的救护站、防空专业队工程、人员掩蔽工程、配套工程的柴油电站中除柴油发电机组平时可不安装外，其他附属设备及管线均应安装到位。柴油机组应在 15 天转换时限内完成安装和调试；乙类防空地下室的救护站、防空专业队工程、人员掩蔽工程、配套工程的柴油电站内的柴油发电机组、附属设备及管线平时均可不按照，但应设计到位，并应按设计要求预留好柴油发电机组及附属设备的基础、吊钩、管架和预埋管等，在 30 天转换时限内完成安装和调试。

第六节
防空地下室平战转换部位的质量控制

一、防空地下室设计文件必须包括平战转换预案，无平战转换预案视为设计不合格项目。平战转换预案应作为竣工验收资料，转换预案应详细列明转换内容、转换的工作量、转换所需时间及所需的设备、材料、人工数量，应提供预案实施进度横道图或网络计划图等进度计划，并附有关标准大样图，达到非专业人员按照方案战前能够及时进行转换的水平。

二、防空地下室专供平时使用的出入口及防护单元隔墙上开设的平时通行口，其临战封堵一律采用门式封堵方式并应安装到位，不得使用构件封堵。

三、防空地下室的顶板及多层防空地下室中间楼板上不得开设采光窗。外围护墙及临空墙开设的采光窗，应采用门式封堵方式，并安装到位。

四、穿越防护密闭墙、板的平时管线，其防护措施应按设计要求安装到位，不得临战转换或截断封堵。

五、平时为停车库，战时为物资库的防空地下室，车道出入口应作为战时物资运输通道，并应便于战时物资机械运输。

六、按设计要求重点检查下列各项是否在施工、安装时一次完成。

（一）现浇钢筋混凝土和混凝土的结构、构件。

（二）战时使用的及专供平时使用的出入口及防护密闭隔墙上开设的平时连通口的防护密闭门、密闭门。

（三）战时使用的及平战两用的通风口防护设施。

（四）穿越防护密闭墙、板的平时管线，及其防护措施。

（五）战时使用的给水引水管、排水出户管和防爆波地漏。

（六）柴油电站内的人防电源总配电柜（箱）及其引至各防护单元的电缆线路；机房内通风、给排水设备和管线，各种动力配电箱、信号联络箱、电缆、电缆梯架、托盘、槽盒等。

（七）战时使用的通风滤毒设备。

七、平战转换部位竣工验收管理。

（一）平时安装的战时设备和管线，应确保安装到位，否则不予验收。战时电站除发电机组外均应安装到位。

（二）工程概况、内部各战时功能单元、房间布置等基本情况应在各出入口设置挂图明示。战时通风、给水排水、电气的系统、机房、管道、线缆、操作流程等应设置标示、标牌和挂图，否则不予验收。

（三）防倒塌棚架应施工安装到位，否则不予验收。

第三章

防空地下室施工主要常见质量问题防治

第一节
建筑与结构专业施工主要常见质量问题防治

一、在梁板结构体系中，板中受力钢筋在反梁处安装不符合要求。

由于结构底板上所承受的外力是地基土体等作用在底板向上的压力，底板主筋应配在底板反梁主筋的下面。

顶板采用反梁式梁板结构时，顶板主筋应配在梁主筋的上面。

二、门框墙插筋及门槛钢筋没按规范要求设置。

门框墙插筋及门槛钢筋应在结构底板浇筑混凝土前，严格按设计施工图及规范要求，仔细核对、正确布筋。

门洞四角应各配置不少于 2 根斜向钢筋，门槛受力主筋应该闭口，受力主筋直径不得小于 12mm，在受力主筋转角处应绑扎水平钢筋，水平钢筋应该按要求锚固到两侧门框墙中，并与门框墙插筋绑扎牢。

三、集水坑（池）钢筋设置及混凝土浇筑不符合要求。

集水坑一般设在主要出入口外、风井、扩散室、除尘滤毒室、防毒通道、密闭通道内。集水坑（池）坑壁竖向钢筋应锚固在底板内，不允许设置在回填土中，标高应以建筑地面标高控制，并考虑盖板厚度。坑壁不借助于墙体的集水坑（池），在浇筑底板混凝土时应一次浇筑到位；坑壁借助于墙体的集水坑（池）不能一次浇筑到位，可分两次浇筑，其水平钢筋应提前锚入墙体内，并应对施工缝处进行防水处理。

四、门槛高度、门框墙宽度不够，影响门扇安装和使用功能。

固定门槛在底板结构顶面以上的高度应为底板建筑面层厚度与底板建筑面层完成面以上的门槛高度之和；活门槛在底板结构顶面以上的高度应为底板建筑面层厚度。人防门铰页侧的门框墙的最小宽度应满足人防门的安装尺寸，闭锁一侧门框墙最小宽度应满足不会影响到门扇的正常开启。

五、门框墙及门槛的截面尺寸不符合规范要求。

防护密闭门门槛及门框墙的厚度不应小于 300mm；防护密闭隔墙两侧分别设有防护密闭门的门框墙及门槛的厚度不宜小于 500mm。

密闭门门槛及门框墙的厚度不应小于 250mm。

六、悬摆活门门框墙的主筋布设不符合设计要求。

悬摆活门门框墙的主筋应配置在外侧并闭口，主筋应钩住底板的下层钢筋、顶板的上层钢筋及左右相邻墙体的外侧竖向钢筋。

七、排水沟不应直接从有防护密闭要求的墙体下穿过。

排水沟若直接从有防护密闭要求的墙体下穿过，将破坏整个工防空地下室或防护单元等的防护密闭性，所以该处应改用预埋管的形式使墙体两侧排水沟相连通，并按照设计要求对预埋管和排水沟进行有效的防护密闭处理。

八、钢门框安装及门框侧墙水平受力钢筋、柱箍筋布设不符合要求。

钢门框预埋安装时均应先立钢门框，然后绑扎四周钢筋。钢门框安装必须铅直、周边平整，并在门扇安装后能开启灵活。门框侧墙水平受力钢筋、柱箍筋间距要严格按照图纸要求设置。钢门框安装后，因门框锁槽布置影响间距的，要及时调整，锁槽尺寸大于一个间距的，要在锁槽上下侧附设加强套箍。

九、防护密闭门上方加强梁的位置及钢筋布设不符合要求。

防护密闭门上方设置的加强梁，位置应正确，标高应满足门扇的启闭的安装要求；加强梁的主筋要锚入两侧的墙体（或柱）内，并满足锚固长度要求；梁箍筋应从锚固端端部开始布设，要通长布设到位。

十、防护密闭门、悬摆活门嵌入钢筋混凝土墙体内的深度不满足要求或漏设突出墙面的保护门垛或保护门楣。

当防护密闭门、悬板活门等直接承受侧向冲击波作用时，防护密闭门关闭状态的门扇应嵌入墙内，门扇的外表面不得突出通道侧墙（或竖井）的内墙面。若沿通道侧墙设置的防护密闭门，其关闭状态的门扇突出内墙面时，应按设计要求在其侧向设保护门垛；设置在竖井的防护密闭门，若其关闭状态的门扇突出竖井的内墙面时，也应按设计要求在其上方设保护门楣。防护密闭门嵌入深度和保护门垛、保护门楣突出长度：当防空地下室防护等级为常6级、核6级及核6B级时，应不小于120mm；当防空地下室防护等级为常级、核5级及以上时，应不小于150mm。

悬摆活门应嵌入墙内设置，嵌入深度不小于300mm。

十一、门框墙受力主筋与竖向或水平钢筋绑扎错误。

防护密闭门、密闭门门框墙受力主筋要闭口，且放在竖向或水平钢筋的外侧。

十二、临空墙的钢筋没有按设计施工图要求设置和连接，临空墙内外侧钢筋布置颠倒。

临空墙因在防护区外侧的墙面直接受空气冲击波的作用，所以其内外侧竖向筋规格往往不同，弯折和锚固的方向及长度均与普通内墙不同，现场一定要区分临空墙墙面所处防护区内外侧的位置，按设计要求的钢筋的规格布设墙体中内侧与外侧的钢筋。临空墙内配筋应尽可能采用整根钢筋，若遇防空地下室实际情况必须断开时，宜在距底板面 $H/3$ 处连接，当钢筋直径大于 20mm 时，钢筋连接方式优先采用机械连接。

十三、临空墙、防护密闭隔墙受力钢筋在底板、顶板中的锚固长度不满足规范构造要求。

临空墙两侧受力钢筋应双向对锚并伸入底板和顶板混凝土中，其支座处钢筋锚固长度均按受拉钢筋锚固长度 l_{aF} 取值，水平锚固段必须与底板下层、顶板上层钢筋绑扎牢固。防护单元之间的防护密闭隔墙战时双向均有可能承受冲击波作用，配筋应有别于一般临空墙，其竖向钢筋锚固要求同临空墙。

十四、钢门框预埋的位置和方向错误。

钢门框预埋的位置和方向应准确，防护密闭门和悬摆活门的钢门框应预埋在非人防区一侧，密闭门的钢门框应预埋在染毒区一侧，滤毒室的密闭门钢门框应预埋在密闭通道内，钢门框的闭锁盒开口大头在下，小头在上，门轴位置与设计施工图一致。

十五、钢门框及铰页锚板的锚固筋在门框墙中设置和固定不符合要求。

钢门框及铰页锚板面与钢筋混凝土结构表面应平齐，其锚固钢筋的规格和间距应符合要求，锚固钢筋应锚固到门框墙内，锚固筋应与门框墙内主筋焊牢。

十六、人防门设置及开启方向错误。

应按由外到内的顺序，设置防护密闭门、密闭门。防护密闭门应向外开启，密闭门宜向外开启。车库斜坡道的防护密闭门应朝坡道方向开启（朝向工程口外）。

十七、外墙采用止水钢板施工缝时没按要求施工。

外墙采用止水钢板的施工缝，遇暗柱的箍筋及内墙与外墙导墙交接水平筋应穿过外墙止水钢板，并焊接成一体。

十八、外墙钢筋在底板中没有按照要求锚固。

外墙外侧竖向钢筋应该伸到底板下层钢筋后再向内水平锚固与底板钢筋搭接，锚固长度应大于等于 $1.5l_{aF}$，内侧竖向钢筋伸到底板下层钢筋后向外墙方向弯折，在弯折平面内包括弯弧段的水平投影长度不宜小于 $12d$。

十九、外墙钢筋在顶板中没有按照要求锚固。

当外墙与顶板为刚性连接（顶板厚度≥外墙厚度）时，外墙外侧竖向钢筋应该伸到顶板上层钢筋后再水平锚固与顶板钢筋搭接，锚固长度应大于等于 $1.5l_{aF}$，内侧竖向钢筋伸到顶板上层钢筋后向外墙方向弯折，在弯折平面内包括弯弧段的水平投影长度不宜小于 $12d$；当外墙与顶板为铰接（顶板厚度＜外墙厚度）时，顶板的上层钢筋应伸到外墙外侧再向下锚固，与外墙外侧竖筋的搭接长度应大于等于 $1.7l_{aF}$。

二十、拉结钢筋漏设或设置不符合要求。

双面配筋的钢筋混凝土板、墙体，若设计要求需要设置拉结钢筋时，拉结钢筋应成梅花形布置，并有效拉结在两层钢筋网节点上。其长度应能拉住最外层受力钢筋，两端弯钩应符合设计要求。

二十一、外墙、临空墙、门框墙、防护密闭隔墙、密闭隔墙模板安装时，其固定模板的对拉螺栓上采用套管、混凝土预制件等。

为防止破坏墙体的防护密闭作用，严禁在外墙、临空墙、门框墙、防护密闭隔墙、密闭隔墙固定模板的对拉螺栓上采用套管、混凝土预制件。

用于固定模板的螺栓穿过防水混凝土结构时，可采用工具式螺栓或螺栓加堵头，螺栓上应加焊金属方形止水环，止水环应位于螺栓中部，金属止水环应与螺栓两面环焊密实；金属止水环尺寸应符合设计要求或相关规定。拆模后应将留下的凹槽用密封材料封堵密实，并用聚合物水泥砂浆抹平。

临空墙、门框墙、防护密闭隔墙和密闭隔墙的模板安装，其固定模板的对拉螺栓上可不设止水环，但必须要满足防锈、防护密闭要求。

具体施工要求应符合设计要求及相关规定。

二十二、没有设置人防门门扇吊钩或吊钩的放置位置错误。

防护密闭门和密闭门门前安装用吊环的设置位置、直径、形状应符合设计要求。吊环锚入混凝土（C30）内的长度不小于 $30d$（d 为吊环钢筋或圆钢的直径），并应在端部做 $180°$ 弯钩，钩住顶板上层主筋并应与其焊接或绑扎。吊环应设置在门扇宽度的中点以门轴为圆心转过 45°处。

二十三、防空地下室防水设防不满足要求。

防空地下室防水设防不应低于《地下工程防水技术规范》（GB 50108—2008）规定的二级标准，（配电室、固定电站及地下室顶板为一级防水，其余为二级防水，且种植屋面防水材料应满足耐根穿刺要求）上部建筑范围内的防空地下室顶板应采用防水混凝土。防水材料的选用应满足设计要求，严禁随意更换。严格按施工组织设计（或方案）及设计要求施工。防水设防要求应按表 3-1 选用。

表 3-1　防水设防要求

工程部位 防水措施 防水等级	主体结构				施工缝							后浇带					结构缝					
	防水混凝土	防水卷材	防水涂料	防水砂浆	遇水膨胀止水条（胶）	外贴式止水带	中埋式止水带	外抹防水砂浆	外涂防水涂料	水泥基渗结晶型防水涂料	预埋注浆管	补偿收缩混凝土	外贴式止水带	预埋注浆管	遇水膨胀止水条（胶）	防水密封材料	中埋式止水带	外贴式止水带	可卸式止水带	防水密封材料	外贴防水卷材	外涂防水涂料
一级	应选	应选一至两种			应选两种							应选	应选两种				应选	应选一至两种				
二级	应选	应选一种			应选一至两种							应选	应选一至两种				应选	应选一至两种				

二十四、防空地下室的柱、梁、墙、楼板混凝土结构构件，其同条件养护试件的取样和养护不符合要求。

同条件养护试件所对应的结构构件或结构部位，应由施工、监理等各方共同选定，且同条件养护试件的取样宜均匀（指包括时间、空间、构件类型等多方面）分布于防空地下室施工周期内；同条件养护试件应在混凝土浇筑入模处见证取样；同一强度等级的同条件养护试件按统计方法评定混凝土强度时不宜少于 10 组，按非统计方法评定混凝土强度时不应少于 3 组。每连续二层楼取样不应少于 1 组；每 2000m³ 取样不得少于 1 组。冬期施工还应多留置不少于 2 组同条件养护试件。同条件养护试件应留置在靠近相应结构构件的适当位置，并应采取相同的养护方法。

二十五、防空地下室的柱、梁、墙、楼板混凝土结构构件，混凝土强度检验时的等效养护龄期计算不符合规定。

对于日平均气温，当无实测值时，可采用为当地天气预报的最高温、最低温的平均值。采用同条件养护试件法检验结构实体混凝土强度时，实际操作宜取日平均温度逐日累计达到 $540 \sim 640℃ \cdot d$ 时所对应的龄期，且不应小于 14 天，但没有上限龄期规定。日平均温度为 0℃ 及以下的龄期不计入。对于设计规定标准养护试件大于 28 天的大体积混凝土，混凝土实体强度检验的等效养护龄期也应按比例延长，如规定龄期为 60 天，等效养护龄期的度日积为 $1200℃ \cdot d$。冬期施工时，同条件养护试件的养护条件、养护温度应与结构构件相同，等效养护龄期计算时温度可以取结构构件实际养护温度，也可以根据结构构件的实际养护条件，按照同条件养护试件强度与在标准养护条件下 28 天龄期试件强度相等的原则由监理、施工等各方共同确定。

二十六、防空地下室混凝土强度、钢筋保护层厚度、结构位置与尺寸偏差等结构实体检查不符合规定。

防空地下室中涉及安全和防护的重要部位如门框墙、临空墙、防护密闭隔墙、密闭隔墙、大跨度梁和顶板应进行结构实体检验。

（一）结构实体检查应由监理单位组织施工单位实施，并见证实施过程。施工单位应制定结构实体检查专项方案，并经监理单位审核批准后实施。除结构位置与尺寸偏差外的结构实体检验项目，应由具有相应资质的检测结构完成。

（二）当未取得同条件养护试件强度或同条件养护试件强度不符合要求时，可采用回弹法进行检验。混凝土回弹法强度检验时，回弹构件的抽取应符合规定：同一混凝土强度等级的柱、梁、墙、板，抽取构件最小数量应符合《混凝土结构工程施工质量验收规范》（GB 50204—2015）附录 D 表 D.0.1 的规定，并应均匀分布。不宜抽取截面高度小于 300mm 的梁和边长小于 300mm 的柱，防护密闭门门框墙为必选构件，回弹构件的抽取方案需经防空地下室责任监督员同意。

（三）钢筋保护层厚度的检验应采用非破损的方法。钢筋保护层厚度检验构件的选取应均匀，对选定的梁类构件，应对全部纵向受力钢筋的保护层厚度进行检验；对选定的板类构件，应抽取不少于 6 根纵向受力钢筋的保护层厚度进行检验。对每根钢筋，应选择有代表性的不同部位量测 3 点去平均值。

钢筋保护层厚度检验构件的选取应符合规定：对非悬挑梁板类构件，应各抽取构件数量的 2% 且不少于 5 个构件进行检验。对悬挑梁，应各抽取构件数量的 5% 且不少于 10 个构件进行检验；当悬挑梁数量少于 10 个时，应全数检查。对悬挑板，应各抽取构件数量的 10% 且不少于 20 个构件进行检验；当悬挑板数量少于 20 个时，应全数检查。

（四）结构实体位置与尺寸偏差检验构件的选取应均匀分布，并应符合规定：梁、柱应抽取构件数量的1%，且不应少于3个构件；墙、板应按有代表性的自然间抽查1%，且不应少于3间；层高按有代表性的自然间抽查1%，且不应少于3间。允许偏差检验要精确至1mm，切换、板厚、层高的检验应采用非破损的方法。对选定的构件，检验项目及检验方法应符合表3-2规定。

表3-2　结构实体位置与尺寸偏差检验项目及检验方法

项目	检验方法
柱截面尺寸	选取柱的一边测量柱中部、下部及其他部位,取3点平均值
柱垂直度	沿两个方向分别测量,取较大值
墙厚	墙身中部测量3点,取平均值;测点间距不应小于1m
梁高	测量一侧边跨中及两个距离支座0.1m处,取3点平均值;量测值可取腹板高度加上此处楼板的实测厚度
板厚	悬挑板取距离支座0.1m处,沿宽度方向取包括中心位置在内的随机3点取平均值;其他楼板,在同一对角线上测量中间及距离两端各0.1m处,取3点平均值
层高	与板厚测点相同,量测板顶至上层楼板底净高,层高测量值为净高与板厚之和,取3点平均值

二十七、防空地下室现浇结构外观质量缺陷未按要求进行处理和验收。

现浇结构的外观不应有严重缺陷。对已出现的严重缺陷，应由施工单位根据缺陷的具体情况提出技术处理方案，并经监理单位认可后进行处理；对裂缝或连接部位的严重缺陷及露筋、蜂窝、孔洞、夹渣、疏松、外形、外部等严重缺陷中可能影响结构安全的情况，技术处理方案尚应经设计单位认可。对经处理的部位应重新验收。

对已出现的一般缺陷，应由施工单位按技术处理方案进行处理。对经处理的部位应重新验收。

现浇结构的外观质量缺陷应由监理单位、施工单位等各方根据其对结构性能和使用功能影响的严重程度按表 3-3 确定。

表 3-3　现浇结构外观质量缺陷

名称	现象	严重缺陷	一般缺陷
露筋	构件内钢筋未被混凝土包裹面外露	纵向受力钢筋有露筋	其他钢筋有少量露筋
蜂窝	混凝土表面缺少水泥砂浆而形成石子外露	构件主要受力部位有蜂窝	其他部位有少量蜂窝
孔洞	混凝土中孔穴深度和长度均超过保护层厚度	构件主要受力部位有孔洞	其他部位有少量孔洞
夹渣	混凝土中央夹有杂物且深度超过保护层厚度	构件主要受力部位有夹渣	其他部位有少量夹渣
疏松	混凝土中局部不密实	构件主要受力部位有疏松	其他部位有少量疏松
裂缝	裂缝从混凝土表面延伸至混凝土内部	构件主要受力部位有影响结构性能或使用功能的裂缝	其他部位有少量不影响结构性能或使用功能的裂缝
连接部位缺陷	构件连接处混凝土有缺陷或连接钢筋、连接件松动	连接部位有影响结构传力性能的缺陷	连接部位有基本影响结构传力性能的缺陷
外形缺陷	缺棱掉角、棱角不直、翘曲不平、飞边凸肋等	清水混凝土构件有影响使用功能或装饰效果的外形缺陷	其他混凝土构件有不影响使用功能的外形缺陷
外表缺陷	构件表面麻面、掉皮、起砂、玷污等	具有重要装饰效果的清水混凝土构件有外表缺陷	其他混凝土构件有不影响使用功能的外表缺陷

二十八、防空地下室内的设备房间没有安装隔声门。

防空地下室由于使用功能需要安装一些大型设备，这些设备在运行过程中会产生大量的噪声，为了减少噪声对防空地下室工作和使用环境的影响，需要在这些设备用房的出入口安装隔声门。

二十九、柴油发电机房的贮油间施工不符合要求。

柴油发电机房的贮油间墙上应设置常闭的向外开启的甲级防火门，其地面应低于与其相连接的房间（或走道）地面150～200mm或设不燃、不渗漏的门槛，地面不得设置地漏；严禁柴油机排烟管、通风管、电线、电缆等穿过贮油间；贮油间宜与发电机房分开布置。

三十、竖井式出入口漏设爬梯和吊钩。

备用出入口通常采用竖井式，一般与通风竖井合并设置。对于竖井式出入口，在一侧居中设置爬梯，出入口上端宜设置安全抓杆，与滤毒室相连接时在其上口的顶板宜设置直径不小于10mm吊钩。

三十一、防空地下室内部装修不符合要求。

室内装修应选用防火、防潮的材料；疏散走道和安全出口的门厅，其顶棚和地面的装修材料应采用燃性性能等级为 A 级的装修材料，其余部位装修材料燃性性能等级应符合设计要求；防空地下室战时受到核爆炸冲击波或常规武器爆炸冲击波后会产生震动破坏效应，结构顶板粉刷层容易脱落，影响工程内的人员和掩蔽物的安全，所以防空地下室的顶板不应抹灰，可按设计要求对其打磨并用聚合物水泥砂浆修补其凹陷部分。平时设置吊顶时应采用轻质、坚固的龙骨，吊顶饰面材料应方便拆卸；进风口和主要出入口的密闭通道、防毒通道、洗消间、简易洗消间、滤毒室、扩散室以及防护密闭门外的通道、竖井等染毒区部位的墙面、地面、顶面均应平整光洁，易于清洗，若其墙面采用水泥砂浆面层，应压实赶光，墙面抹灰不得掺用任何遇潮可能腐烂的建筑材料；设置地漏的房间和通道地面应比相连的无地漏房间（或通道）的地面低 15～20mm。

第二节
给水排水工程施工主要常见质量问题防治

一、防空地下室口部染毒区墙面、地面需冲洗的部位漏设地漏或集水坑。

防空地下室口部染毒区墙面、地面需冲洗的部位包括通风竖井、扩散室、除尘室、滤毒室（包括与滤毒室相连的密闭通道）和战时主要出入口的洗消间（简易洗消间）、防毒通道及其防护密闭门以外的通道，应在这些部位设置收集洗消废水的地漏或集水坑（或集水池）。

二、防空地下室口部未按图纸要求设置防爆地漏。

收集地面排水的排水管道，受冲击波作用的排水管道上应设防爆地漏。在防空地下室排水系统中，防护区内部的地漏若通过管道与外部相通，为防冲击波进入室内，应采用防爆地漏。在防护区内部，如果排水管道穿越了密闭隔墙，与该管连接的地漏应采用防爆地漏。对于乙类防空地下室和核 5 级、核 6 级、核 6B 级的甲类防空地下室，当收集上一层地面废水的排水管道需引入防空地下室时，其地漏应采用防爆地漏。仅供战时排洗消废水的排水管道，可采用符合防空地下室抗力级别要求的铜质或不锈钢清扫口替代防爆地漏。

三、给水、排水管管材的选用不符合要求。

防空地下室给水、排水管管材选用应符合设计要求。

给水管道的材料，室外部分 $DN \geqslant 75$ 可采用给水铸铁管；

$DN<75$ 可采用钢塑复合管。穿过人防维护结构的给水管道应采用钢塑复合管，防护阀门以后的给水管道可采用符合现行有关规范及产品标准要求的管材。

排水管道的管材，包括零配件，首选给水铸铁管。室内排水管采用机制排水铸铁管，压力排水管和有防爆要求的排水管采用钢管或钢塑复合管。不允许塑料排水管敷设在结构底板中。

四、给水引入管、排水出户管、通气管、供油管等管道穿过防空地下室围护结构处，预埋套管不符合规范要求。

当给水引入管、排水出户管、通气管、供油管等管道穿过防空地下室围护结构处，应预埋防护密闭套管。防护密闭套管分为套管中间有密闭翼环的刚性防水套管和套管中间有密闭翼环、套管一端或两端有固定法兰的刚性防水套管。

五、在防空地下室口部染毒区墙面、地面需冲洗的部位未设置冲洗用的冲水栓或冲洗水龙头。

防空地下室口部染毒区墙面、地面需冲洗的部位应设冲洗用的冲水栓或冲洗水龙头，并配备冲洗软管。冲水栓采用 $DN25$ 陶瓷片水嘴，软管为 $DN25$、长度一般为 $25m$。简易洗消间内的给水龙头可兼做口部墙、地面冲洗龙头。

六、防空地下室中消火栓箱嵌埋在有防护密闭要求的墙体内。

防空地下室中消火栓箱，不得在临空墙、密闭隔墙、外墙、防护密闭隔墙上嵌墙暗装，应采取挂墙式明装。

七、管道穿过人防围护结构的防护密闭套管处，其防护密闭处理不符合要求。

严格按设计要求的防护密闭处理做法进行施工和验收。

刚性防水套管应按设计要求在管道外壁与套管内壁之间直接填实油麻、石棉水泥、沥青石棉绳或沥青油麻等填充材料。

外侧加防护抗力片的刚性防水套管应按设计要求在管道外壁与套管内壁之间填实油麻、石棉水泥、沥青石棉绳或沥青油麻等填充材料施工完后，再在朝向空气冲击波端施行防护抗力片和固定法兰焊接。管道与防护抗力片之间应按要求留有一定间隙，不应焊接。

八、污水集水池的通气管漏设或设置不符合要求。

收集平时生活污水的集水池，其通气管应接至室外、排风扩散时或排风竖井内，可与地面建筑的通气管连通；收集战时生活污水的集水池，其通气管可在平时按设计要求安装完毕。通风管穿过人防围护结构时，该段通风管应采用热镀锌钢管。

九、管道在进、出防空地下室及穿过人防围护结构时，漏设防护阀门或设置错误。

战时为了防止冲击波和毒剂沿管道进入防空地下室内部，管道在穿过围护结构时，应在内侧设置防护阀门。

当给水管道从出、入口引入时，应在防护密闭门与密闭门之间的第一道防毒通道内的内侧设置防护阀门；当从人防围护结构引入时，应在人防围护结构的内侧设置防护阀门；穿越防护单元隔墙和上下防护单元间楼板时，应在防护密闭隔墙两侧和防护密闭楼板下侧的管道上设置防护阀门。

排水管道、通气管道穿过人防围护结构时，应在人防围护结构的内侧设置防护阀门。对于乙类防空地下室和核 5 级、核 6 级、核 6B 级的甲类防空地下室，当收集上一层地面废水的排水管需要引入防空地下室时，其地漏应采用防爆地漏，接防爆地漏排水管可以不设防护阀门。

给水管道、排水管道、通气管道上设置的防护阀门的公称压力不应小于1.0MPa，人防围护结构内侧距离阀门的近端面不宜大于200mm。阀门应有明显的启闭标志。

输油管道当从出入口引入时，应在防护密闭门内设置油用阀门；当从人防围护结构引入时，应在外墙内侧或顶板内侧设置油用阀门，其公称压力不得小于1.0MPa，该阀门应设置在便于操作处，并应有明显的启闭标志。

十、给排水管道穿过临空墙、防护密闭隔墙上的预埋套管时，未按要求设置防护抗力片。

除设计另有要求外，当管径大于$DN150$的给排水管穿过临空墙、防护密闭隔墙上的预埋套管或管径小于$DN150$的给排水管穿过抗力等级为核4B及以上的防空地下室临空墙、防护密闭隔墙上的预埋套管时，应在朝向空气冲击波端设置防护抗力片。防护抗力片应与预埋套管端部的固定法兰满焊，不应与管道焊接，防护抗力片应明露并做好防锈处理。

十一、泡沫灭火系统管材选用错误。

泡沫灭火系统应采用不锈钢管，不应采用镀锌钢管。

第三节
通风与空调工程施工主要常见质量问题防治

一、通风管穿越防护密闭墙、板时随意预留孔洞。

穿越防护密闭墙、板的供平时使用的风管，其防护措施应按设计要求安装到位，不得临战转换或截断封堵；供战时使用的风管，应按设计要求，在防护密闭墙、板上预埋带有密闭翼环的密闭穿墙管（短管或套管）。

二、战时进、排风管在临空墙、密闭隔墙预埋的密闭穿墙管管径、厚度不符合要求。

预埋的密闭穿墙管直径应与所连接的管道或阀门实际内径相一致。钢板管材厚度为 2～3mm。

三、自动排气活门、防爆超压排气活门和相关的通风短管（或密闭阀门）未在垂直和水平方向错开布置。

为保证自动排气活门、防爆超压排气活门排风不与通风短管（或密闭阀门）短路，所以自动排气活门、防爆超压排气活门与防空地下室内的通风短管（或密闭阀门）应在水平和垂直方向错开布置。

四、在扩散室后墙上预埋的通风密闭穿墙短管末设置向下 90°的弯头。

当通风管由扩散室后墙体穿入时，通风管端部应制作安装向下 90°的弯头，并使通风管端部的中心线位于距后墙面的 1/3 扩散室净长处。弯头宜在预埋阶段直接安装制作好。

五、测压管漏设或测压管设置不符合要求。

设有滤毒通风的防空地下室，为测定滤毒式通风时防空地下室室内外压差，测压管可预埋在顶板混凝土内，也可以在顶板下明设，条件允许时也可以直接由防化通信值班室引至地面建筑的外墙，具体做法见设计要求。测压管应采用 DN15 热镀锌钢管，室内端应设在值班室或防化通信值班室内，通过球阀或旋塞阀、橡胶软管与倾斜式微压计连接；室外端则引至室外空气零点压力处，且管口朝下。平时用丝堵封住该口，防止昆虫进入，战时拆下丝堵。测压管通向室外一端的管口不得设置在进风竖井内。通过防毒通道的测压管，其接口应采用焊接。

六、清洁式通风、滤毒式通风系统未设置二道密闭阀门，或二道密闭阀门均设置在染毒区。

设置清洁通风和滤毒通风的工程，一般都有防毒要求，为保证进、排风系统符合规范要求的防护密闭性（染毒物质不进入清洁区），战时钢板风管必须设置两道密闭阀门（除可轻微染毒的车库和柴油电站机房外），一道设在染毒区，最后一道密闭阀门必须设在清洁区，如进风系统设在风机房内。

清洁式通风系统应在染毒区内设第一道密闭阀，在清洁区内设第二道密闭阀。滤毒式送风系统在过滤吸收器前设第一道密闭阀，在清洁区内设第二道密闭。排风系统当只设一个防毒通道时，应在清洁区设自动排气活门或在染毒区设防爆超压排气活门。

七、染毒区通风管道与配件的制作与安装不符合要求。

在第一道密闭阀门至工程口部的管道及配件，应采用厚度为2～3mm钢板焊接制成。其焊缝应饱满、均匀、严密，严禁有烧穿、漏焊和裂缝等缺陷。纵向焊缝必须错开。临空墙、密闭隔墙中预埋密闭穿墙短管不得作套管用。

通风管道连接应采用焊接连接。通风管道连接与密闭阀门应采用带有密封槽、厚度大于5mm的钢质法兰，其接触应平整。法兰垫圈应采用整圈无接口橡胶密封圈。

八、设有滤毒式通风的防空地下室，其送风系统上未设压差测量管、取样管或设置位置错误。

在滤尘器进出风口处均应设置压差测量管，滤毒式管路上应在过滤吸收器前端设置一根放射性检测取样管；过滤吸收器的总出风口处，设置一根尾气监测取样管。压差测量管和取样管应和风管同时制作。

九、密闭阀门、自动排气活门、防爆超压排气活门等防护设备未使用人防定点生产企业生产的产品。

手动（电动）密闭阀门、防爆超压排气活门、自动排气活门等防护设备均应需选用取得《山东省人防工程防护（化）设备登记备案证》的定点生产企业生产的合格产品。防护设备产品出厂时应在产品显著位置固定由山东省人防主管部门统一制作的合格证、铭牌及电子身份证，并附产品使用维护说明书。

十、过滤吸收器未使用新型人防专用过滤吸收器或未安装。

根据国家人民防空办公室《关于使用新型人防专用过滤吸收器的通知》要求，自 2011 年 3 月 1 日起，停止使用 LX-1000 型、SR-1000 型等过滤吸收器，防空地下室必须使用 RFP-500 型、RFP-1000 型过滤吸收器。人防专用过滤吸收器必须具有国家人民防空办公室防化产品质量检验中心颁发的"一芯一证"，即一个内置电子防伪芯片和一个外带纸质证书，分别标明产品编号、生产厂家、检验时间等基本信息（中国人民防空网站公示）。必须做到与防空地下室建设同步安装，一次到位。

十一、自动排气活门、防爆超压排气活门未按照规范要求安装。

防爆超压排气活门、自动排气活门开启方向必须朝向排气方向，平衡锤连杆应与穿墙管法兰平行，平衡锤应垂直向下、位于最低处，以便于室内超压消失时靠平衡锤关闭阀门。

排气活门在设计超压下应能自动开启闭，关闭后与风管法兰和无缝橡胶密封圈应贴合严密。

十二、过滤吸收器、油网滤尘器安装方向、位置错误。

油网滤尘器、过滤吸收器安装时，其设备所标识的箭头方向必须与气流方向一致。油网滤尘器进气方向为粗滤网端（油网突出墙面端）。过滤吸收器必须水平安装。过滤吸收器应安装在支架上，并同留有一定间距，以便安装和检修。固定支架应平整、稳定。多台过滤吸收器垂直安装时，叠设的支架不应妨碍设备的拆装。

十三、增压管漏设、安装位置不正确或者阀门选型、安装位置不正确。

滤毒式进风和清洁式进风合用进风机时，必须设增压管，其入口设在进风机总出口处风管上，出口设在清洁式进风两道密闭阀门之间的风管上，并在增压管管路中设球阀，不应使用闸阀。

十四、未按照人防设计图纸施工将平时通风管道穿过防护密闭隔墙安装。

防空地下室通风系统的具体组成，对于平战结合工程，战时图纸由人防专业设计单位设计，平时图纸由另一家设计单位设计，实际上是同一工程存在两套施工图纸的现象。防空地下室通风系统的施工必须严格按人防专业设计单位设计的施工图设计文件进行施工和验收。严禁将平时通风管道穿过防护密闭隔墙安装。

十五、防排烟通风系统中的防火、阻燃材料不符合规范要求。

防排烟通风系统中的风管的本体、框架与固定材料、密封垫料等必须采用不燃材料。柔性短管和法兰间垫料必须采用不燃材料，法兰间的密封垫料厚度不应小于 3mm，垫料不应凹进风管内，亦不宜突出法兰外。材料必须有相应的测试文件。

十六、密闭阀门未按照规范要求安装。

密闭阀门安装时应保证标志的箭头方向与受冲击波方向一致。因冲击波总是从室外沿管道至室内。因此进风系统阀门箭头与气流方向一致，排风系统阀门箭头与气流方向相反。

密闭阀门安装时应注意阀门的安装位置应便于阀门手柄的操作，满足手柄的正常转动，杜绝手柄碰墙和碰管道现象，使阀门正常启闭。另外，密闭阀应采用吊钩或支架固定，吊钩不得吊在手柄或锁紧位置。

十七、油网滤尘器前后的风管上未按设计要求设压差测量管。

应按设计要求，压差测量管采用 DN15 热镀锌钢管设在油网滤尘器前后的风管上，每根测量管的末端均设球阀（或闸阀、截止阀）。

十八、管道焊接不均匀，焊渣未清除，虚焊、气孔现象较多与防腐涂料露底、色差现象较为普遍，防腐前底部未清理干净，部分管道防腐涂层质量不符合规范要求。

焊接风管的焊缝应饱满、平整，不应有凸瘤、穿透的夹渣和气孔、裂缝等其他缺陷；风管法兰的焊缝应熔合良好、饱满，无假焊和孔洞。

防腐涂料的涂层应均匀，不应有堆积、漏涂、皱纹、气泡、掺杂及混色等缺陷。防腐涂料涂层不得遮盖各类通风、空调设备部件的铭牌标志和影响部件的功能使用。

第四节
建筑电气安装工程施工主要常见质量问题防治

一、电气接地钢筋网不满足图纸要求。

利用结构钢筋网作接地体时，纵横钢筋交叉点宜采用焊接，焊点间距应根据工程规模确定，一般宽度方向可取 5～10m，长度方向可取 10～20m。所有接地装置的连接处必须牢固可靠，所有接地装置必须连接成电气通路。

二、防空地下室结构中的金属构件未做等电位连接。

防空地下室结构中的金属构件，如防护密闭门、密闭门、防爆波活门的金属门槛等应做好等电位连接，连接应可靠。其联结导体的材料和截面积应符合设计要求。连接位置宜预留于门框内侧。

三、电缆梯架、托盘、槽盒及防护密闭型母线穿过临空墙、防护密闭隔墙、密闭隔墙处施工不符合规范要求。

电缆梯架、托盘、槽盒不得直接穿过临空墙、防护密闭隔墙、密闭隔墙，当必须穿过时，应在墙的两端将其断开，不得在墙上直接开洞通过，需改为一根电缆穿一根管敷设，并按要求施行防护密闭或密闭处理。

各类母线不得直接穿过临空墙、防护密闭隔墙、密闭隔墙，当必须通过时，应采用防护密闭密集型母线，并按要求施行防护密闭或密闭处理。

四、防爆音响信号按钮未设置或施工不符合规范要求。

专业队队员掩蔽部、一等人员掩蔽所、二等人员掩蔽所等工程，在每个防护单元的战时人员主要出入口（设有简易洗消间或洗消间的出入口）防护密闭门外侧的墙面上，应设置一个与工程防护抗力等级相一致的防爆音响信号按钮（配套工程的物资库、汽车库工程不需要设置）。将产品及相应的布线直接预埋在混凝土墙内，防爆音响信号按钮底板不得凸出墙面，面板与墙面平齐，底边宜距地 1.4m 暗装。音响信号装置设在防化通信值班室或值班室内（宜结合设在通风方式信号控制箱内），底边距地 2.5m 明装。平时使用需要设置的门铃按钮系统应与本系统分开设置。

五、防护密闭门、密闭门门框墙上及防爆电缆井内电气备用管未预埋或施工不符合规范要求。

防空地下室应在各个人员出入口和连通口的防护密闭门、密闭门门框墙上预埋 4～6 根备用管，管径为 50～80mm，管壁厚度不小于 2.5mm 的热镀锌钢管或不锈钢管，并在中间设厚度不小于 5mm、翼高不小于 50mm 的密闭翼环，管中心距墙、顶板、门框角钢的距离不小于 150mm，管两端伸出墙面的长度不小于 50mm，不得影响防护密闭门或密闭门 90°的开启角度。

防爆电缆井内除留有设计需要的穿墙管数量外，还应预埋 4～6 根备用管，管径为 50～80mm，管壁厚度不小于 2.5mm 的热镀锌钢管或不锈钢管，并在中间设厚度不小于 5mm、翼高不小于 50mm 的密闭翼环。

六、从防护区引至非防护区的照明线路在防护区内侧漏设熔断器等短路保护装置。

为了防止战时遭空袭时，因室外灯具被破坏而导致从防护区内引至非防护区的照明电源回路，发生短路而影响室内照明，当防护区内与非防护区灯具共用一个电源回路时，应在防护密闭门内侧（防护密闭门与密闭门之间）距顶 0.2m 处单独设置熔断器等短路保护装置（单独回路可不设熔断器等短路保护装置），或对非防护区的灯具设置单独回路供电。

七、防空地下室各种电气箱采用嵌墙暗装。

防空地下室内的各种动力配电箱、照明箱、控制箱，不得在外墙、临空墙、防护密闭隔墙、密闭隔墙上嵌墙暗装。因这些墙体具有防护密闭功能，若箱体嵌墙暗装，会影响到防护密闭功能，所以在此类墙体上应采取挂墙式明装。

八、防空地下室各出入口、通道等应急照明灯设置不符合要求。

在出入口、通道等处应设置疏散照明灯和疏散标志灯。

消防疏散照明灯应设置在疏散走道、楼梯间、防烟前室等部位的墙面上部或顶棚下。消防疏散标志灯应设置在有侧墙的疏散走道及其拐角处和交叉口处的墙面上；无侧墙的疏散走道上方；疏散出入口和安全出口的上方。

沿墙面设置的疏散标志灯距地面不应大于 1m，间距不应大于 15m。设置在疏散走道上方的疏散标志灯的方向指示应与疏散通道垂直，标志灯下边缘距室内地面不应大于 2.5m，且应设置在风管等设备管道的下部。

出口疏散标志灯底边距门框上方 0.2m 明设，疏散方向疏散标志灯底边距地面 0.5m 明设。出口标志灯和通风方式信号箱在同一门口安装时，出口标志灯在下，通风方式信号箱在上，中心对齐。

九、通风方式信号装置漏设，或设置不合理。

专业队队员掩蔽部、一等人员掩蔽所、二等人员掩蔽所等防空地下室，战时应设置清洁式、滤毒式、隔绝式三种通风方式信号系统，用作防护单元内发出通风方式转换指令和信号，以便使通风操作人员转换风机、阀门；给排水人员转换给排水阀门；出入口管理人员控制防护密闭门、密闭门开关和限制掩蔽人员的出入等。

信号指示灯箱和音响装置应设置在战时值班室、进风机室、排风机室、柴油发电机房、电站控制室、配电室、防化通信值班室及各战时的出入口（包括两个防护单元连通口防护密闭门两侧）处最里面一道密闭门内侧上方和其他需要设置的地方，指示人员出入。

通风方式信号控制箱应设置在防化通信值班室内，信号指示灯箱的灯光和音响信号应在通风方式信号控制箱内集中或自动控制。防爆音响信号按钮、通风方式信号装置、通风方式信号装置控制箱安装到位后，应联动。

信号指示灯箱和音响装置的底边距门上方 0.1m 明装或距地 2.5m 明装；通风方式信号装置控制箱距地 1.2m 明装。

十、过线盒内未填密封材料，漏设过线盒防护盖板或防护盖板厚度、材质不符合要求。

电缆（包括动力、照明、通信，网络等）暗配管穿过外墙、临空墙、防护密闭隔墙、密闭隔墙时，应在墙体两侧设置过线盒，盒内不得有接线头。过线盒穿线后应填密封材料，在防护密闭门外侧受冲击波方向，过线盒应加防护盖板，盖板应采用厚度≥3mm 的热镀锌钢板制作。

十一、电气管线采用明管敷设穿过临空墙、防护密闭隔墙和密闭隔墙中的预埋套管后，其防护密闭或密闭处理不符合要求。

穿过密闭隔墙的电缆或塑料护套线，套管内电缆或塑料护套线和套管的缝隙中应使用油麻丝和密封材料填充密实。管口密封材料厚度应大于管外径 3～5mm。

穿过核 4 级、核 4B 级、核 5 级、常 5 级防空地下室的临空墙、防护密闭隔墙的电缆或塑料护套线，套管内电缆或塑料护套线和套管的缝隙中除应使用油麻丝和密闭填料填充密实外，尚应在冲击波方向按要求设置防护抗力片。但穿过核 6 级、核 6B 级、常 6 级防空地下室的临空墙、防护密闭隔墙的电缆或塑料护套线，当管二端采用环氧树脂封堵、深度大于 50mm、管口密封材料厚度应大于管外径 3～5mm 时，就不需设置防护抗力片。

十二、穿过外墙、临空墙、防护密闭隔墙及密闭隔墙的电气预埋管线或过线盒等的材质、规格不符合要求。

穿过外墙、临空墙、防护密闭隔墙及密闭隔墙的各种电气预埋管线（包括动力、照明、通信、火灾报警、网络、备用管等）应选用管壁厚度不小于 2.5mm 的热镀锌钢管或不锈钢管；在防护密闭门与最里面密闭门之间的染毒区房间、通道中暗埋的各种用途的电气管、过线盒等材质应采用热镀锌钢材。

当采用暗管加密闭盒方式将同类多根弱电线路穿在一根保护管内时，保护管直径不得大于 25mm；当采用明管加密闭盒方式将同类多根弱电线路穿在一根保护管内时，钢管保护管公称口径不大于 50mm。

十三、洗消间、滤毒室、防化通信值班室、防化器材储藏室插座、开关设置数量、位置或选型不符合要求。

洗消间内的插座及照明开关均应为防溅型，其脱衣室、穿衣室内应设 AC220V10A 单相三孔带二孔防溅式插座各 2 个，高度距地面 1.4m。洗消淋浴用电热水器的电源插座不得设在淋浴间内，宜设在穿衣室中，高度距地面 1.8m，淋浴室的照明开关宜设在脱衣室内。

滤毒室内每个过滤吸收器取样点附近距地面 1.5m 处，应设置 AC220V10A 单相三孔插座 1 个。

专业队队员掩蔽部、一等人员掩蔽所的防化通信值班室内，应设置一个供防化测试使用的插座箱，内设 AC380V16A 三相四孔插座、断路器各 1 个和 AC220V10A 单相三孔插座 7 个。

二等人员掩蔽所的防化通信值班室内，应设置一个供防化测试使用的插座箱，内设 AC380V16A 三相四孔插座、断路器各 1 个和 AC220V10A 单相三孔插座 5 个。

防化器材储藏室应设置 AC220V10A 单相三孔插座 1 个。

照明开关宜底边距地 1.3m、边缘距门框边缘 0.15～0.2m 嵌墙暗装。

卫生间内开关、插座选用防潮防溅型面板。

十四、配电箱安装高度不符合要求。

照明配电箱应挂墙明装，底边距地 1.4m；EPS 与动力柜应落地安装；动力配电箱应挂墙明装，底边距地 1.2m。

附　录

附录 A
名词解释

1. 平时

和平时期的简称。国家或地区既无战争又无明显战争威胁的时期。

2. 战时

战争时期的简称。国家或地区自开始转入战争状态直至战争结束的时期。

3. 临战时

临战时期的简称。国家或地区自明确进入战前准备状态直至战争开始之前的时期。

4. 单建掘开式工程

单独建设的采用明挖法施工，且大部分结构处于原地表以下的工程。

5. 明挖

地下工程地基上方全部岩、土层被扰动的开挖。采用明挖的地下工程施工方法称明挖法。

6. 防空地下室

具有预定战时防空功能的地下室。防空地下室一般有两种形式：全埋式和非全埋式。在房屋中室内地平面低于室外地平面的高度超过该房间净高的 1/2 的为地下室。防空地下室与普通地下室的区别：防空地下室是在普通地下室的基础上，加大了结构强度、设置了防护单元、在出入口增加了防护设备，使工程具备防核武器、常规武器和生化武器打击破坏的功能，从而起到空袭时保护人民群众生命财产安全的作用。普通地下室则不具备上述功能。

7. 指挥工程

保障人民防空指挥机关战时工作的人民防空工程（包括防空地下室），也是各级人民防空指挥所及其通信、电源、水源等配套工程的总称。

8. 医疗救护工程

战时对伤员独立进行早期救治工作的人民防空工程（包括防空地下室）。按照医疗分级和任务的不同，医疗救护工程可分为中心医院、急救医院和救护站等。

9. 防空专业队工程

保障防空专业队掩蔽和执行某些勤务的人民防空工程（包括防空地下室），一般称为防空专业队掩蔽所。一个完整的防空专业队掩蔽所一般包括专业队队员掩蔽部和专业队装备（车辆）掩蔽部两个部分。但在目前的人民防空工程建设中，也可以将两个部分分开单独修建。

防空专业队系指按专业组成的担负人民防空勤务的组织，其中包括抢险抢修、医疗救护、消防、防化防疫、通信、运输、治安等专业队。

10. 人员掩蔽工程

主要用于保障人员掩蔽的人民防空工程（包括防空地下室）。按照战时掩蔽人员的作用，人员掩蔽工程共分为两等：一等人员掩蔽所，指供战时坚持工作的政府机关、城市生活重要保障部门（电信、供电、供气、供水、食品等)、重要厂矿企业和其他战时有人员进出的人员掩蔽部;二等人员掩蔽所,指战时留城的普通居民掩蔽所。

11. 配套工程

系指战时的保障性人民防空工程(即指挥工程、医疗救护工程、防空专业队工程、人员掩蔽工程以外的人民防空工程总合),主要包括区域电站、区域供水站、人民防空物资库、人民防空汽车库、食品站、生产车间、人民防空交通干(支)道、警报站、核生化检测中心等工程。

12. 冲击波

空气冲击波的简称。武器爆炸在空气中形成的具有空气参数强间断面的纵波。核武器在空中爆炸时会瞬间形成极高温、极高压的气团,随着高温高压气团急剧膨胀,猛烈压缩周围空气,在空气中形成就有强间断面的纵波,即空气冲击波。常规武器在地面爆炸时会在空气中产生空气冲击波。

13. 冲击波超压

冲击波压缩区内超过周围大气压的压力值。

14. 地面超压

指防空地下室室外地面冲击波超压峰值。

15. 土中压缩波

武器爆炸作用下,在土中传播并使其受到压缩的波。核武器在空中爆炸时,最初成球形向周围扩散,当入射波传播到地面时,在土中会形成土中压缩波。常规武器在地面爆炸时会在土中产生直接土中压缩波,沿地面传播的空气冲击波在土中也会引发感生土中压缩波。

16. 核爆炸荷载

核爆炸产生的冲击波和土中压缩波对防空地下室结构形成的动荷载。

17. 防护类别

按照预定防御的武器不同,国家把人民防空工程(包括防空地下室)划分为甲类和乙类,并规定甲类人民防空工程需防常规武器、化学武器、生物武器和核武器的袭击;乙类人民防空工程需防常规武器、化学武器、生物武器的袭击,不考虑对核武器袭击的防护。

18. 防爆波

对爆炸波防护的简称。防爆波对于甲类防空地下室包括对常规武器爆炸和核武器爆炸所产生的空气冲击波和土中压缩波的防护;对于乙类防空地下室是指对常规武器爆炸所产生的空气冲击波和土中压缩波的防护。防爆波要求对所有(包括战时室内有人员停留和无人员停留)的防空地下室,其结构应该具有足够的抗力,各孔口应采取相应的防护措施。

19. 防毒剂

对化学毒剂防护的简称。"防毒剂"对于甲类防空地下室包括对化学毒剂、生物战剂以及放射性灰尘的防护;对于乙类防空地下室包括对化学毒剂和生物战剂的防护。"毒剂"会对人员造成严重伤害,因此对于空袭时有人员停留的防空地下室,要求其人防围护结构要做到密闭,各孔口要采取相应的密闭措施。

20. 防辐射

对辐射线防护的简称。防辐射对于甲类防空地下室包括早期核辐射、热辐射和城市火灾的防护;对于乙类防空地下室是指战时对于城市火灾形成的长时间高温烘烤的防护。辐射会对人员造成严重伤害,因此对于空袭时有人员停留的防空地下室,其暴露在室外空气中的人防围护结构(如顶板、临空墙等)应该满足防护厚度要求,出入口应该满足通道形式和通道长度要求。

21. 防护区

防空地下室的防护密闭门（及防爆波活门）以内的区域，即战时冲击波不能自由到达的区域（扩散室除外）。对于空袭时有人员停留的防空地下室，其防护区包括主体（即清洁区）以及防护密闭门内的染毒区（口部房间、通道等）；对于空袭时无人员停留的防空地下室，其防护区与主体一致。

22. 非防护区

防空地下室的防护密闭门（及防爆波活门）以外的冲击波能自由传播的区域。非防护区一般包括防护密闭门外的通道、楼梯间、竖井以及相邻的地下室等。

23. 主体

防空地下室中能满足预定的防护要求和功能要求的部分。防空地下室包括主体有防毒要求的和主体允许染毒的两种类型。对于有防毒要求的防空地下室，其主体指最后一道密闭门以内的部分；对于主体允许染毒的防空地下室，其主体指防护密闭门（防爆波活门）以内的部分。对于有人员停留的防空地下室，其主体应满足防爆波、防毒剂、防辐射等防护要求和相应的战时使用要求，其主体与清洁区一致；对于无人员停留的防空地下室，其主体应满足防爆波要求（对防毒剂、防辐射等不作要求）和相应的战时使用要求，其主体与防护区一致。

24. 口部

指防空地下室主体与地表面（或与其他地下建筑）的连接部分。口部主要指出入口、通风口、水电口和柴油机排烟口等。对于有防毒要求的防空地下室，其口部指防护密闭门（防爆波活门）内与最里面一道密闭门外的染毒区，如扩散室、密闭通道、防毒通道、洗消间（简易洗消间）、除尘室、滤毒室以及防护密闭门（防爆波活门）以外的通道、竖井、楼梯间等；对于允许染毒的防空地下室，其口部仅指防护密闭门（防爆波活门）以外的通道、竖井、楼梯间等。

25. 清洁区

在有人员停留的防空地下室中不仅满足防爆波要求，而且满足防毒剂、防辐射要求的区域，即指室内满足集体防护要求（掩蔽人员不需要佩戴防护器材）的区域。清洁区的范围是指有人员停留的防空地下室中最里面一道密闭门以内的部分。

26. 染毒区

在防空地下室中满足防爆波要求，但允许染毒，且不考虑防辐射的区域。对于空袭时室内有人员停留的防空地下室，其染毒区指最里面一道密闭门以外，防护密闭门（及防爆波活门）以内的房间、通道；对于空袭时室内（电站发电机房除外）无人员停留的防空地下室，其防护密闭门（及防爆波活门）以内的区域（亦称防护区）均为染毒区。即对于主体有防毒要求的防空地下室，其染毒区应包括以下房间和通道：扩散室，密闭通道，防毒通道，除尘室，滤毒室，洗消间或简易洗消间；医疗救护工程的分类厅及配套的急救室、抗休克室、诊查室、污物间、厕所等。对于主体允许染毒的防空地下室，其染毒区为主体和口部。

27. 防护单元

防空地下室中，其防护设施和内部设备均能独立自成体系的使用空间。每个防护单元是一个独立的防护空间，可看作一个独立的防空地下室，每个防护单元的防护设施和内部设备自成体系。在相邻防护单元遭到破坏以后，该单元仍能保障室内人员和物资的安全，而且可以继续使用。

28. 抗爆单元

防空地下室中（或较大防护单元）中，用抗爆隔墙分隔成的使用空间。其目的为减少航弹或导弹造成的杀伤、破坏作用。相邻抗爆单元一旦遭破坏，该防爆单元的室内人员、物资是安全的，但整个防护单元应该停止使用。抗爆单元在防护设施和内部设备上不要求自成体系。

29. 单元间平时通行口

为满足平时使用需要，在防护单元隔墙上开设的供平时通行、战时封堵的孔口。

30. 人防围护结构

防空地下室中承受空气冲击波或土中压缩波直接作用的顶板、墙体（如外墙、临空墙、防护单元隔墙和防护密闭门门框墙等）和底板的总称。

31. 临空墙

是指战时一侧直接承受空气冲击波作用，另一侧为防空地下室内部且不接触岩土的墙体。即防空地下室的室内与室外空间（包括普通地下室）之间战时承受空气冲击波直接作用的墙体。临空墙是应满足规定抗力要求的钢筋混凝土墙。当在临空墙上开设门洞时，需设置防护密闭门。

32. 外墙

防空地下室中一侧与室外岩土接触，战时承受土中压缩波直接作用的墙体。外墙是应满足规定抗力要求的墙体。与室外岩土接触的墙体并非都是防空地下室的外墙，外墙仅指战时能够承受土中压缩波直接作用的墙体，其中包括一侧为防空地下室的室内，另一侧为室外岩土的墙体，以及主要出入口、战时通风口的通道、竖井等与室外岩土接触的墙体。但次要出入口及平时通风口的通道、竖井等与室外岩土接触的墙体，虽然战时会收到土中压缩的作用，但因允许其破坏，对其无抗力要求，所以其不属于外墙。

33. 防护密闭隔墙（亦称防护单元隔墙）

简称防护密闭墙。防空地下室中设置的既能抗御预定的爆炸冲击波作用，又能隔绝毒剂的隔墙。一般采用整体浇筑钢筋混凝土结构。

34. 密闭隔墙

简称密闭墙。防空地下室中的清洁区与染毒区之间（以及染毒浓度不同的区域之间）战时能隔绝毒剂的墙体。密闭隔墙是应满足规定厚度要求的钢筋混凝土墙。当在密闭隔墙上开设门洞时，需设置密闭门。

35. 门框墙

在门孔四周保障门扇就位并承受门扇传来的荷载的墙体。即防空地下室中门洞处安装有防护门、防护密闭门、密闭门、防爆波活门的墙体。

36. 抗爆隔墙

防空地下室（或防护单元）中用于分隔抗爆单元、阻挡炸弹气浪及碎片伤害掩蔽人员和物资而设置的墙体。当在抗爆隔墙上开设门洞时，一般采用在抗爆隔墙的一侧设置抗爆挡墙的做法。按照墙体构筑的时机可分为平时构筑的抗爆隔墙（及抗爆挡墙）和临战时构筑的抗爆隔墙（及抗爆挡墙）。不同时机构筑的抗爆隔墙（及抗爆挡墙）的材质、尺寸和做法等要求有所不同。

37. 室外出入口

通道的出地面段（无防护顶盖段）位于防空地下室上部建筑投影范围以外的出入口。室外出入口一般有两种形式：通道的出地面段位于防空地下室上部建筑投影范围以外，且与上部建筑有一定距离的室外出入口称为独立式室外出入口；通道的出地面段位于防空地下室上部建筑投影范围以外，且与上部建筑外墙相邻的室外出入口称为附壁式室外出入口。

38. 室内出入口

通道的出地面段（无防护顶盖段）位于防空地下室上部建筑投影范围以内的出入口。室内出入口一般为楼梯间。

39. 连通口

在地面以下与其他人防工程（包括防空地下室）相连通的出

入口。

40. 主要出入口

战时空袭前、空袭后都要使用的，而且空袭后人员或车辆进出较有保障，且使用较为方便的出入口。一个防护单元至少有一个主要出入口。

41. 次要出入口

战时主要供空袭前使用，当空袭使地面建筑遭破坏后可不使用的出入口。该出入口除了需要满足口部防护设备、围护结构的防爆波、防毒剂、防辐射等要求，以及方便人员进出以外，对于防护密闭门以外的结构（如楼梯）抗力、防堵塞措施和洗消设施设置等方面都不需要考虑。一个防空地下室或一个防护单元有一个或数个次要出入口。

42. 备用出入口

平时及战时空袭前一般情况下都不使用，空袭后只有当其他出入口遭破坏或堵塞无法使用时，而应急使用的出入口。备用出入口一般采用竖井式且通常与通风竖井相结合设置。备用出入口不设洗消设施，但应满足口部防爆波（包括口部防护设备、围护结构和防护密闭门外的通道、竖井）、防堵塞、防毒剂等方面的要求。

43. 直通式出入口

防护密闭门外的通道在水平方向上没有转折通至地面的出入口。

44. 单向式出入口

防护密闭门外的通道在水平方向上有垂直转折，并从一个方向通至地面的出入口。

45. 穿廊式出入口

防护密闭门外的通道出入端从两个方向通至地面的出入口。

46. 竖井式出入口

防护密闭门外的通道出入端从竖井通至地面的出入口。

47. 楼梯式出入口

防护密闭门外的通道出入端从楼梯通至地面的出入口。

48. 防护门

能阻挡冲击波，但不能阻挡毒剂通过的门。主要用于工程人员、设备出入口，具有一定抗冲击波能力，但由于存在一定的缝隙会有少量冲击波进入，不能阻挡毒剂的进入。

49. 防护密闭门

既能阻挡冲击波又能阻挡毒剂通过的门。防护密闭门是设置在出入口最外侧的或设置在连通口（包括防护单元之间连通口）处的人防门。

50. 密闭门

能够阻挡毒剂通过但不能阻挡冲击波通过的门。密闭门是设置在密闭隔墙洞口处的人防门。

51. 消波设施

设置在空袭时处于敞开状态的进风口、排风口、柴油机排烟口的，用来削弱冲击波压力的防护设施。消波设施一般由防爆波活门和扩散室（或扩散箱）组成。

52. 扩散室

设置在防爆波活门与通风管或柴油机排烟管之间的、利用其内部空间扩散作用将进入的冲击波的压力削弱到允许余压值以下的用钢筋混凝土构筑的小房间。

53. 除尘室

设置在进风口附近的装有通风除尘设备的专用房间。通风量较大的工程通常设置除尘室。设有滤毒通风的除尘室属于染毒区，宜设置在进风扩散室和滤毒室之间。

54. 滤毒室

设置在进风口附近的装有过滤吸收器（一种通风滤毒设备）的专用房间（战时过滤吸收器使用和拆换时可能使周围环境污染，所以为过滤吸收器设置专门的房间）。滤毒室属于染毒区，应该通过密闭通道（或防毒通道）与室内清洁区和室外地面相连通。

55. 防化通信值班室

防空地下室内用作防化、通信人员值班的工作房间。

56. 防毒通道

由防护密闭门与密闭门之间或两道密闭门之间所构成的，具有通风换气条件，依靠超压排风阻挡毒剂侵入室内的空间。在室外染毒情况下，防毒通道允许人员出入。与密闭通道的区别在于：防毒通道依靠超压排风使通道内不断地通风换气，在室外染毒时人员通过也能阻挡毒剂侵入室内。

57. 密闭通道

由防护密闭门与密闭门之间或两道密闭门之间所构成的，并仅依靠密闭隔绝作用阻挡毒剂侵入室内的密闭空间。在室外染毒情况下，通道不允许人员出入。

58. 洗消间

战时供染毒人员通过和全身清除有害物的房间。通常由脱衣室、淋浴室和检查穿衣室组成。洗消间是供室外染毒人员在进入室内清洁区之前通过淋浴洗掉有害物质的房间。

59. 简易洗消间

供染毒人员清除局部皮肤上有害物的房间。简易洗消间是供局部染毒人员在进入室内清洁区之前进行局部清洗的房间。

60. 口部建筑

口部地面建筑的简称。在防空地下室室外出入口通道出地面段上方建造的小型地面建筑物。根据平时和战时需要，口部建筑可按轻型建筑和防倒塌棚架修建。

61. 防倒塌棚架

设置在出入口通道出地面段上方，用于防止口部堵塞的棚架。棚架能在预定的冲击波和地面建筑物倒塌荷载的分别作用下不致坍塌。

62. 有效面积

能提供人员、设备使用的建筑面积。其值为防空地下室建筑面积与结构面积之差。

63. 掩蔽面积

供掩蔽人员、物资、车辆使用的有效面积。其值为与防护密闭门（和防爆波活门）相连接的临空墙、外墙外边缘形成的建筑面积扣除结构面积和下列各部分面积后的面积。

（1）口部房间、防毒通道、密闭通道面积。

（2）通风、给水排水，供电、防化、通信等专业设备房间面积。

（3）厕所、盥洗室面积。

64. 防空地下室建筑面积

防空地下室各层外边缘所包围的水平投影面各之和。

65. 防护单元建筑面积

与第一道防护门（防护密闭门）、第一道防爆波活门相连接的临空墙、外墙外边缘和防护单元隔墙中线形成的建筑面积；在防护单元内，战时无法使用且仅供平时使用的设备房间不计入防护单元建筑面积。防空地下室防护面积为各防护单元建筑面积之和。

66. 口部外通道面积

（1）防空地下室战时主要出入口设在汽车坡道内或位于普通地下工程内时，通道的计算宽度为战时同时使用的出入口的防护门（第一道防密门）宽度之和的最大值，通道的计算长度按汽车坡道中线水平投影长度或战时通行路线的最短距离计算。战时作为主要出入口使用的室内楼梯间面积应计入口部外通道面积内。位于地面建筑地下室内直通且独立为防空地下室战时使用的次要出入口应计入口部外通道面积。

（2）独立为防空地下室战时使用的通风竖井、物资提升井、设备吊装井、位于室外的楼梯式出入口及其附属通道应按照自然层计入口部外通道面积。

（3）汽车坡道的敞开段部分不计入口部外通道面积。

（4）口部外通道面积不应与防护单元建筑面积重复计算。

67. 辅助面积

工程最后一道密闭门（战时汽车库内为防护密闭门）以内的生活设施、设备设施等辅助房间如厕所、风机房、泵房、水库（箱）及楼梯间等所占用的净面积。

68. 使用面积

指防护单元建筑面积中扣除建筑结构所占面积后的面积。

69. 防护设备

设于防护工程人员、设备出入口，武器射孔和进（排）风、排烟管道口部，防护单元分区处，用以堵截或削弱冲击波、堵截放射性沾染、生化战剂、化学毒剂进入的设备。

70. 防爆波活门

简称活门。设置在空袭时处于敞开状态的战时通风口（柴油机排烟口）最外端的，当冲击波到来时能够迅速自动或提前关闭，具有规定的抗冲击波能力，将冲击波部分或全部阻挡于进风、排风或排烟系统外的防护设备，如悬板式防爆波活门、胶管式防爆波活门等。

防空地下室的战时通风口（柴油机排烟口）一般采用悬板式防爆波活门。

71. 平时通风

保障防空地下室平时功能的通风。

72. 战时通风

保障防空地下室战时功能的通风。包括清洁通风、滤毒通风、隔绝通风三种方式。

73. 清洁通风 （亦称清洁式通风）

室外空气未受毒剂等污染时的通风。战时防空地下室外空气只要没有受到核武器、生物武器、化学武器和常规武器袭击，空气受到污染（包括次生灾害造成的污染），就可以实施清洁通风。

74. 滤毒通风 （亦称滤毒式通风或过滤式通风）

室外空气受毒剂等污染，需经特殊处理时的通风。即当战时防空地下室外的空气遭受核武器、生物武器、化学武器和常规武器袭击，空气受到污染（包括次生灾害造成的污染）时，进入防空地下室内部的空气必须进行除尘滤毒处理，并经防空地下室内部的废气靠超压排风系统排到室外。

75. 隔绝通风 （亦称隔绝式通风）

室内外停止空气交换，由通风机使室内空气实施内循环的通风。隔绝通风是在防空地下室隔绝防护的前提下实现的内循环通风方式。

76. 超压排风

靠室内正压排除其室内废气的排风方式。有全室超压排风和室内局部超压排风两种。防空地下室超压是指防空地下室内的空气压力大于室外空气压力。

77. 密闭阀门

保障通风系统密闭防毒的专用阀门。包括手动式和手、电动两用式密闭阀门。

78. 过滤吸收器

装有滤烟和吸毒材料，能同时消除空气中的有害气体、蒸汽及气溶胶微粒的过滤器。是精滤器与滤毒器合为一体的过滤器。

79. 自动排气活门

超压自动排气活门的简称。靠活门两侧空气压差作用自动启闭的具有抗冲击波余压功能的排气活门。能直接抗冲击波作用压力的自动排气活门，称防爆超压排气活门。

80. 防爆地漏

防爆地漏是具有抵抗冲击波正压和负压作用、战时能防止冲击波和毒剂等进入防空地下室内的地漏。其排水原理和功能与普通地漏一样,而制作防爆地漏的材质是不锈钢或铜制件,地漏盖是用卡扣与地漏本体相连。

81. 防爆波化粪池

能防止冲击波和毒剂等由排水管道进入防空地下室室内的化粪池。

82. 防爆波电缆井

能防止冲击波沿电缆侵入防空地下室室内的电缆井。

83. 内部电源

设置在防空地下室内部,具有防护功能的电源。通常为柴油发电机组或蓄电池组。按其与用电工程的相互关系可分为区域电源和自备电源。

84. 区域电源

能供给在供电半径范围内多个用电防空地下室的内部电源。

85. 自备电源

设置在防空地下室内部的电源。

86. 内部电站

设置在防空地下室内部的柴油电站。按其设置的机组情况,可分为固定电站和移动电站。

87. 区域电站

独立设置或设置在某个防空地下室内,能供给多个防空地下室电源而设置的柴油电站,并具有与所供防空地下室抗力一致的防护功能。

88. 固定电站

柴油发电机组和控制室分开布置,有独立的通风、排烟、贮油等系统,具有自动控制或隔室控制功能的柴油电站。

89. 移动电站

战时具有运输条件，发电机组可拖入就位方便，且具有专用通风、排烟系统的柴油电站。

90. 密闭观察窗

一般安装在设备房间密闭隔墙的观察孔上，既能密闭，又可透视的窗。具有阻挡毒剂的密闭功能，又具备可供人员观察的功能，一般用于电站与控制室之间。

附录 B
防空地下室档案的编制要求

一、基本规定

（一）档案编制以受理防空地下室档案部门的要求为准。

（二）档案盒使用从城建档案馆购买的厚度为 20mm 或 40mm 的"城建档案盒"，每个卷内的第一页是城建档案封面，第二页是城建档案目录。

（三）防空地下室应单独整理工程档案资料。

（四）档案资料整理时，应使用国家人防工程质量监督站制定的表格。

1. 土建施工中的档案资料，以每个施工段作为一个检验批，填写分项工程质量验收记录表和隐蔽工程检查验收记录。

2. 设备专业的资料整理，可以每个防护单元为单位，不同专业分别整理资料。

（五）防空地下室规模较小、各部分材料较少时，可几个部分合并为一卷；防空地下室规模较大、资料较多时，一个部分可以分成几个卷。

（六）案卷内不同尺寸的文字材料统一折叠为 297mm×210mm；材料面幅尺寸小于 297mm×210mm 的，应粘贴到等同尺寸的纸上。

（七）"城建档案封面""城建档案卷内目录""主要材料名称封面""分部工程名称封面"不算页数。

（八）每个卷编号从每份文件资料首页上标注页号，最后一份文件填写首、末两页的页号，如××—××页。

（九）增加四张图纸：总平面布置图、地上一层平面图、立面图、剖面图。

二、组卷

（一）工程前期及竣工文件资料。

1. 青岛市人民防空工程（防空地下室）人防专用设备一览表。

2. 防空地下室设计意见书（报建表）。

3. 青岛市人民防空办公室结建设计方案审查意见书。

4. 青岛市人民防空办公室结建审核通知书。

5. 建筑设计的消防审批文件（建筑设计防火审核意见书）。

6. 工程地质和水文地质勘察报告。

7. 规划许可证。

8. 施工许可证。

9. 承发包合同或施工合同、协议书、招标、投标等文件。

10. 施工组织设计（施工方案）。

11. 公安消防等部门出具的认可文件或准予使用的文件。

12. 人民防空工程质量监督登记表。

13. 人民防空工程质量监督记录。

14. 人民防空工程竣工报告（包括施工单位的质量自评报告和工程监理单位的质量评估报告）。

15. 与防空地下室有关的会议纪要。

16. 人民防空工程质量监督报告（人民防空质监机构提供）。

17. 人民防空工程竣工验收备案表。

18. 工程质量终身责任信息档案。

（二）人民防空专用设备。

1. 目录。

2. 青岛市人民防空工程（防空地下室）人民防空专业设备一览表（应加盖建设单位、工程监理单位、施工单位公章）。

3. 人民防空专用设备供销合同（建设单位提供）。

4. 防护（密闭）门的生产许可证、合格证（包括钢门用钢材的质量证明文件和混凝土门的质量证明文件）；手动密闭阀门、防爆超压排气活门、自动排气活门、油网除尘器、过滤吸收器、防爆地漏、人民防空专用呼唤按钮及通风方式信号箱的生产许可证、合格证；混凝土封堵梁的规格型号、数量和检测站的回弹报告。

若人民防空专用设备为同一厂家的产品，生产许可证可用一份（应加盖生产厂家的公章）。

（三）各种材料合格证、备案证、试验、检验报告。

1. "城建档案"封面。

2. "城建档案目录"。

3. "单位工程质量控制资料核查记录"。

4. 封面（主要材料名称如钢材、水泥、砂、石、砖，防水材料；采暖通风、水、电等，材料少的可以写其他）。

5. 工程材料、构配件、设备报审表，后附材料合格证、准用证或备案证，建筑材料检测委托单，检验、检测、试验报告。

（四）图纸会审、设计变更、定位放线等。

（五）分部、分项工程质量验收材料及整理顺序。

1. "城建档案"封面。

2. "城建档案目录"。

3. 封面（分部工程名称）。

4.分部工程质量验收记录。

5.各分项工程报审、报验表。

6.分项工程质量验收记录。

7.隐蔽工程检查验收记录。

（1）隐蔽工程检查验收记录中，必须画结点图的部位：防水层、底板、外墙、临空墙、顶板、门框墙（不同型号的门均应画结点图）、后浇带（底板、墙体、顶板分别画结点图）、穿墙管线与密闭穿墙套管间的密闭处理及防护抗力片等。

（2）底板、外墙、临空墙、顶板、门框墙应标明厚度、钢筋间距、排距、钢筋规格型号，标明拉结钢筋间距、布置方式及规格型号。

8.各种试压、调试、试验、测试记录报告。

9.施工日志（防空地下室部分）等。

（六）监理文件资料。

1.防空地下室监理规划。

2.监理月报（防空地下室部分）。

3.监理人员组织名单。

（七）竣工图。

（八）法规、规章规定必须提供的其他文件。

参考文献

［1］中华人民共和国人民防空法

［2］建设工程质量管理条例

［3］建设工程安全生产管理条例

［4］GB/T 50319—2013　建设工程监理规范

［5］GB 50300—2013　建筑工程施工质量验收统一标准

［6］GB 50134—2004　人民防空工程施工及验收规范

［7］GB 50038—2005　人民防空地下室设计规范

［8］GB 50098—2009　人民防空工程设计防火规范

［9］GB 50010—2010　混凝土结构设计规范（2015年版）

［10］GB 50666—2011　混凝土结构工程施工规范

［11］GB 50204—2015　混凝土结构工程施工质量验收规范

［12］GB 50496—2009　大体积混凝土施工规范

［13］GB/T 50107—2010　混凝土强度检查评定标准

［14］GB 50164—2011　混凝土质量控制标准

［15］GB 50108—2008　地下工程防水技术规范

［16］GB 50208—2011　地下防水工程质量验收规范

［17］GB 50242—2002　建筑给水排水及采暖工程施工质量验收规范

［18］GB 50243—2016　通风与空调工程施工质量验收规范

［19］GB 50303—2015　建筑电气工程施工质量验收规范

［20］GB/T 50328—2014　建设工程文件归档规范

［21］RFJ 01—2015　人民防空工程质量验收与评价标准

［22］RFJ 01—2002　人民防空工程防护设备产品质量检查与施工验收标准

［23］DB37/T 5028—2015　山东省建设工程监理工作规程

［24］全国民用建筑工程设计技术措施——防空地下室（2009年版）

［25］16 G101—1、　16 G101—3　混凝土结构施工图平面整体表示方法制图规则和构造

详图

[26] FJ 01~03　防空地下室建筑设计（2007年合订本）

[27] FG 01~05　防空地下室结构设计（2007年合订本）

[28] 05 SFJ 10　人民防空地下室设计规范图示（建筑专业）

[29] 05 SFS 10　人民防空地下室设计规范图示（给水排水专业）

[30] 05 SFK 10　人民防空地下室设计规范图示（通风专业）

[31] 05 SFD 10　人民防空地下室设计规范图示（电气专业）

[32] 09 FS01　防空地下室给排水设计示例

[33] 07 FS02　防空地下室给排水设施安装

[34] FK 01~02　防空地下室通风设计（2007年合订本）

[35] FD 01~02　防空地下室电气设计（2007年合订本）

[36] GF—2012—0202　建设工程监理合同